Helge Jochens

Neue Konzepte für das Protein-Engineering

Helge Jochens

Neue Konzepte für das Protein-Engineering

Generierung und Optimierung von Enzymaktivitäten am Beispiel von Enzymen mit α/β-Hydrolasefaltung

Südwestdeutscher Verlag für Hochschulschriften

Impressum/Imprint (nur für Deutschland/ only for Germany)
Bibliografische Information der Deutschen Nationalbibliothek: Die Deutsche Nationalbibliothek verzeichnet diese Publikation in der Deutschen Nationalbibliografie; detaillierte bibliografische Daten sind im Internet über http://dnb.d-nb.de abrufbar.
 Alle in diesem Buch genannten Marken und Produktnamen unterliegen warenzeichen-, markenoder patentrechtlichem Schutz bzw. sind Warenzeichen oder eingetragene Warenzeichen der jeweiligen Inhaber. Die Wiedergabe von Marken, Produktnamen, Gebrauchsnamen, Handelsnamen, Warenbezeichnungen u.s.w. in diesem Werk berechtigt auch ohne besondere Kennzeichnung nicht zu der Annahme, dass solche Namen im Sinne der Warenzeichen- und Markenschutzgesetzgebung als frei zu betrachten wären und daher von jedermann benutzt werden dürften.

Verlag: Südwestdeutscher Verlag für Hochschulschriften Aktiengesellschaft & Co. KG
Dudweiler Landstr. 99, 66123 Saarbrücken, Deutschland
Telefon +49 681 37 20 271-1, Telefax +49 681 37 20 271-0
Email: info@svh-verlag.de
Zugl.: Greifswald, Ernst-Moritz-Arndt-Universität, Dissertation, Januar 2010

Herstellung in Deutschland:
Schaltungsdienst Lange o.H.G., Berlin
Books on Demand GmbH, Norderstedt
Reha GmbH, Saarbrücken
Amazon Distribution GmbH, Leipzig
ISBN: 978-3-8381-1695-2

Imprint (only for USA, GB)
Bibliographic information published by the Deutsche Nationalbibliothek: The Deutsche Nationalbibliothek lists this publication in the Deutsche Nationalbibliografie; detailed bibliographic data are available in the Internet at http://dnb.d-nb.de.
 Any brand names and product names mentioned in this book are subject to trademark, brand or patent protection and are trademarks or registered trademarks of their respective holders. The use of brand names, product names, common names, trade names, product descriptions etc. even without a particular marking in this works is in no way to be construed to mean that such names may be regarded as unrestricted in respect of trademark and brand protection legislation and could thus be used by anyone.

Publisher: Südwestdeutscher Verlag für Hochschulschriften Aktiengesellschaft & Co. KG
Dudweiler Landstr. 99, 66123 Saarbrücken, Germany
Phone +49 681 37 20 271-1, Fax +49 681 37 20 271-0
Email: info@svh-verlag.de

Printed in the U.S.A.
Printed in the U.K. by (see last page)
ISBN: 978-3-8381-1695-2

Copyright © 2010 by the author and Südwestdeutscher Verlag für Hochschulschriften Aktiengesellschaft & Co. KG and licensors
All rights reserved. Saarbrücken 2010

Dekan:	Prof. Dr. Klaus Fesser
1. Gutachter:	Prof. Dr. Uwe T. Bornscheuer
2. Gutachter:	Prof. Dr. Stefan Lutz
3. Gutachter:	Prof. Dr. Donald Hilvert
Tag der Promotion:	25.01.2010

Danksagung

An erster Stelle möchte ich mich herzlichst bei Uwe für seine engagierte und kompetente Unterstützung in wissenschaftlichen aber auch persönlichen Angelegenheiten bedanken, deren Maß weit über das Selbstverständliche hinausging. Außerdem möchte ich mich für das Vertrauen und die Freiheiten, die ich seit meiner Anstellung als „Gnitzen-Hiwi" vor sechs Jahren genieße, ausdrücklich bedanken.

Weiterhin bedanke ich mich bei der Deutschen Forschungsgemeinschaft (DFG) für die finanzielle Unterstützung im Rahmen des Schwerpunktprogrammes SPP1170: „Directed Evolution to Optimize and Understand Molecular Biocatalysts"

I thank Prof. Romas Kazlauskas (University of Minnesota) and his students for the helpful discussions and their hospitality during project meetings.

Natürlich möchte ich mich ebenfalls bei allen aktuellen aber auch ehemaligen Mitgliedern des AK Bornscheuer für die tolle Arbeitsatmosphäre und für die Tipps und Tricks des täglichen Lebens eines Biochemikers bedanken.
Besonderer Dank geht hierbei an Marlen, die mir nicht nur eine kompetente Hilfe in wissen-schaftlichen Fragen, sondern auch eine gute Freundin ist und an Konni für die gute Zusammenarbeit im Epoxidhydrolase-Projekt.

Bei allen anderen Freunden und Wegbegleitern möchte ich mich für die tollen acht Jahre in Greifswald bedanken, die mir sicherlich in bester Erinnerung bleiben werden.

Meinen Eltern danke ich für die Möglichkeit ohne äußeren Druck mein Studium zu absolvieren.

Besonderer Dank geht an meine liebe Gemahlin Sabine, die sich liebevoll um Lene und Kalle kümmert, wenn ich mal etwas länger im Labor brauche (. . .), die mich in allen meinen Vorhaben engagiert unterstützt und die mir klar macht, dass es wichtigere Sachen als Protein-Engineering gibt.

Inhaltsverzeichnis

1. Einleitung 1
   1.1 Protein-Engineering 1
      1.1.1 Gerichtete Evolution 2
      1.1.2 Rationales Proteindesign 14
      1.1.3 Ausgewählte Enzymeigenschaften als Ziel des Protein-Engineerings 18
         1.1.3.1 Erhöhung katalytischer Promiskuität und Generierung künstlich erzeugter
         Enzymaktivität 18
         1.1.3.2 Thermostabilisierung von Enzymen 25
         1.1.3.3 Enantioselektivität 28
   1.2 Enzyme mit α/β-Hydrolasefaltung 29
      1.2.1 Epoxidhydrolasen (EC 3.3.2.3) 30
      1.2.2 Carboxylesterasen (EC 3.1.1.1) 32
      1.2.3 *Pseudomonas fluorescens* Esterase 33
   1.3 Vorarbeiten 36
2. Ziel dieser Arbeit 39
3. Ergebnisse 41
   3.1 Einfügen neuer Aktivitäten in Proteingerüste mit α/β-Hydrolasefaltung 41
      3.1.1 Einfügen von Epoxidhydrolaseaktivität in die PFE 41
         3.1.1.1 Entwicklung der Analytik 41
         3.1.1.2 Validierung der Ergebnisse der Vorarbeiten 42
            3.1.1.2.1 Untersuchung der Aktivität der rational und über gerichtete Evolution
            ermittelten Mutanten gegenüber *p*-Nitrostyroloxid 42
            3.1.1.2.2 Validierung der für die Mutagenese ermittelten Positionen mittels
            rationalen Proteindesigns 43
         3.1.1.3 Chimäragenese zum Einfügen von Epoxidhydrolaseaktivität in die PFE 45
            3.1.1.3.1 Fusion der Gene der PFE und der EchA 49
            3.1.1.3.2 Expression und Aufreinigung der Chimären 50
            3.1.1.3.3 Biokatalyse 52
      3.1.2 Einführung von Esteraseaktivität in die EchA 54
         3.1.2.1 Einführung von Esteraseaktivität in das Proteingerüst der EchA mittels
         rationalen Proteindesigns 55
         3.1.2.2 Theoretische Überlegungen 55
   3.2 Entwicklung eines Konzeptes für die fokussierte, gerichtete Evolution unter
   Ausnutzung neutraler, genetischer Drift 61
      3.2.1 Anwendung des Konzeptes auf die Thermostabilisierung der PFE 62

3.3.2 Anwendung des Konzeptes zur Veränderung der Enantioselektivität 72
3.3.3 Anwendung des Konzeptes zur Veränderung der Substratspezifität 79
4. Diskussion **82**
4.1 Einfügen neuer Aktivitäten in Proteingerüste mit α/β-Hydrolasefaltung 82
4.2 Entwicklung eines Konzeptes für fokussierte, gerichtete Evolution unter
Ausnutzung neutraler, genetischer Drift 88
5. Zusammenfassung **98**
6. Materialien und Methoden **102**
6.1 Materialien 102
6.1.1 Chemikalien und Verbrauchsmaterialien 102
6.1.2 Geräte 102
6.1.3 Enzyme 104
6.1.4 Stämme 104
6.1.5 Oligonukleotide 104
6.1.6 Computerprogramme 107
6.1.7 Plasmide 107
6.1.8 Medien, Zusätze und Induktoren 108
6.1.9 Puffer und Lösungen 109
6.2 Methoden 110
6.2.1 Mikrobiologische Methoden 110
6.2.1.1 Stammhaltung 110
6.2.1.2 Übernachtkulturen 110
6.2.1.3 Kultivierung und Proteinexpression im Schüttelkolben 111
6.2.1.4 Zellaufschluss 111
6.2.1.4.1 Zellaufschluss mittels Ultraschall 111
6.2.1.4.2 Zellaufschluss mittels French Press 111
6.2.1.4.3 Zellaufschluss mittels Zellhomogenisator 112
6.2.1.5 Kultivierung in der Mikrotiterplatte 112
6.2.1.6 Herstellung kompetenter Zellen nach der $RbCl_2$-Methode 113
6.2.1.7 Herstellung elektrokompetenter Zellen 113
6.2.2 Molekularbiologische Methoden 113
6.2.2.1 Plasmidpräparation *QIAprep Spin Plasmid Kit* (Qiagen) 113
6.2.2.2 Photometrische DNA-Konzentrationsbestimmung (NanoDrop) ... 114
6.2.2.3 Sequenzierung von Plasmid-DNA 114
6.2.2.4 Polymerasekettenreaktion (*Polymerase Chain Reaction*, PCR) ... 114
6.2.2.4.1 Positionsgerichtete Mutagenese (QuikChange[TM]) 114
6.2.2.4.2 Positionsgerichtete Sättigungsmutagenese 115

6.2.2.4.3 SOE-PCR (*Splicing by Overlap-Extension* PCR) 115

6.2.2.4.4 Kolonie-PCR 118

6.2.2.5 DNA-Agarosegelelektrophorese 118

6.2.2.6 Reinigung von DNA-Fragmenten aus Agarosegelen 119

6.2.2.7 Restriktionsverdau 119

6.2.2.8 Ligation mit der T4 DNA-Ligase 119

6.2.2.9 Hitzeschock-Transformation in *E. coli* DH5α 120

6.2.2.10 Transformation über Elektroporation 120

6.3 Biochemische Methoden 120

6.3.1 Proteinaufreinigung mittels Metallaffinitätschromatographie 120

6.3.2 SDS-PAGE 121

6.3.3 Coomassie-Färbung 122

6.3.4 Western-Blot 122

6.3.5 pNPA-Assay 123

6.3.6 pNP-3-PB-Assay 124

6.3.7 Proteinbestimmung nach Bradford 125

6.3.8 Messung der thermischen Denaturierung 126

6.4 Chemische Synthesen 126

6.4.1 Chemische Synthese von (*R, S*)-*p*-Nitrostyroloxid nach Westkaemper 126

6.4.2 Chemische Synthese von (*R, S*)-*p*-Nitrophenylethandiol 127

6.4.3 Chemische Synthese von (*R*) und (*S*)-3-Phenylbuttersäure-*p*-Nitrophenylester 127

6.5 Analytische Methoden 128

6.5.1 Nachweis von *p*-Nitrostyroloxid und *p*-Nitrophenylethandiol mittels HPLC 128

6.5.2 Nachweis von Methylacetat, Methanol und Essigsäure mittels GC 128

6.5.3 Nachweis von 3-Phenylbuttersäure-Ethylester und 3-Phenylbuttersäure-Methylester mittels Gaschromatographie 129

6.5.4 Dünnschichtchromatographie (DC) 130

6.6 Biokatalytische Methoden 130

6.6.1 Analytische Ansätze zur Bestimmung der EH-Aktivität gegenüber *p*-NSO 130

6.6.2 Analytische Ansätze zur Bestimmung der Esteraseaktivität gegenüber MeAc 131

6.6.3 Analytische Ansätze zur Bestimmung des E-Wertes gegenüber 3-Phenyl-buttersäure-Ethylester 131

6.7 *Molecular Modelling* 131

7. Literatur 133

Abkürzungsverzeichnis

Å	Angström	EchA	Epoxidhydrolase aus *Agrobacterium radiobacter*
°C	Grad Celsius		
µg	Mikrogramm	EDTA	Ethylendiamintetraessigsäure
µl	Mikroliter	EH	Epoxidhydrolase
µmol	Mikromol	epPCR	*Error-prone PCR*
µU	Mikro-Units	g	Gramm
(m/v)	Massenanteil	GC	Gaschromatograph
(v/v)	Volumenanteil	h	Stunde
(v/w)	Gewichtsanteil	HPLC	*High performance liquid chromatography*
%	Prozent		
% ee$_P$	Enantiomerenüberschuss vom Produkt	Hz	Hertz
		IMAC	*Immobilized metal affinity chromatography*
% ee$_S$	Enantiomerenüberschuss vom Substrat		
		IPTG	Isopropyl-β-D-thiogalactosid
% (v/v)	Volumenprozent	J	Kopplungskonstante
% (w/v)	Gewichtsprozent	kb	Kilobase(n)
A	*allowed*	K$_{cat}$	Wechselzahl
A$_i$	Anfängliche Aktivität	kDa	Kilodalton
A$_r$	restliche Aktivität	kg	Kilogramm
Amp	Ampicillin	K$_M$	Michaelis-Menten-Konstante
APS	Ammoniumpersulfat	kPa	Kilopascal
AS	Aminosäure	l	Liter
ATP	Adenosintriphosphat	LB	Luria-Bertani (-Medium)
AU	Absorptionseinheiten	LRM	*Low range marker*
BCIP	5-Bromo-4-chlor-indolyl-phosphat	m	Meter oder Multiplett
BLAST	*Basic local alignment search tool*	M	Molar (mol/l), Marker oder Mutante
Bp	Basenpaar(e)	mA	Milliampere
BSA	*Bovine serum albumin*	mg	Milligramm
Bzw.	beziehungsweise	ml	Milliliter
C	Konzentration	min	Minute
Ca.	cirka	mm	Millimeter
Cam	Chloramphenicol	mM	Millimolar
cm	Zentimeter	mol	Mol
D	Duplett	MS	Massenspektrometer
Da	Dalton	MTP	Mikrotiterplatte
DC	Dünnschichtchromatographie	mU	Milli-Units
dd	Duplett von Duplett	Mw	Molekulargewicht
d.h.	das heißt	N	Normal
DMF	Dimethylformamid	NA	*not allowed*
DMSO	Dimethylsulfoxid	NBT	Nitrotetrazoliumblau
DNA	Desoxyribonukleinsäure	Ni-NTA	Ni-Nitrilotriessigsäure
dNTP	Desoxynukleosidtriphosphat	nm	Nanometer
E	Enantioselektivität	NMR	Kernspinresonanz
E$_{app}$	scheinbare Enantioselektivität	OD	Optische Dichte
E. coli	*Escherichia coli*	PAGE	Polyacrylamid-Gelelektrophorese
E.C.	*Enzyme Commission*	PCR	*Polymerase chain reaction*

pdb	*Protein data base*	Taq	*Termus aquaticus*
pNP-3-PB	*Para*-Nitrophenyl-3-phenylbutyrat	Tc	Tetracyclin
		TEMED	N, N, N', N'-Tetramethylamin
pNSO	*Para*-Nitrostyroloxid	TMS	Trimethylsilan
PFE	*Pseudomonas fluorescens* Esterase	pNPA	*Para*-Nitrophenylacetat
Q	Qualität	Tris	Tris-(hydroxymethyl)-aminomethan
rhaP	Rhamnose-induzierbarer Promotor		
RT	Raumtemperatur	TSS	*Transformation storage solution*
RNA	Ribonukleinsäure	U	Unit (µmol/min)
s	Sekunde	u.a.	unter anderem
S	Singulett	UpM	Umdrehungen pro Minute
[S]	Substratkonzentration	UV	Ultraviolett
SDS	Sodiumdodecylsulfat	ÜN	über Nacht
Sp.	Species	V	Volt
Stabw	Standardabweichung	v	Reaktionsgeschwindigkeit
T	Triplett	WT	Wildtyp
T	Temperatur	z.B.	zum Beispiel
TAE	Tris / Acetat / EDTA	z.T.	zum Teil

Weiterhin wurden die geläufigen Abkürzungen für Aminosäure, Nukleinsäuren, Codons und Restriktionsenzyme verwendet.

1. Einleitung

1.1 Protein-Engineering

Enzyme finden in der chemischen Industrie zunehmend Anwendung. Ein Grund dafür ist ihre hohe Chemo-, Regio- und Stereoselektivität. Zur Herstellung von Feinchemikalien ist vor allem ihre hohe Effizienz bei moderaten Reaktionsbedingungen reizvoll. Konventionelle chemische Verfahren benötigen oft organische Lösungsmittel, hohe Drücke und Temperaturen, was die Verfahren, verglichen mit einem idealen, enzymatischen Prozess, relativ teuer macht. Aus diesem Grund ist die chemische Industrie stark daran interessiert, chemische Verfahren durch biotechnologische zu ersetzen[1]. Obwohl schon einige solcher Verfahren existieren[2, 3], ist die organische Chemie weiterhin die wichtigste Disziplin. Der Grund dafür ist, dass nicht für alle Anwendungen ein Biokatalysator zur Verfügung steht. Enzyme sind oft durch zu geringe Aktivität und Stabilität oder zu hohe Substratspezifität unattraktiv oder unrentabel für chemische Prozesse. Der ideale biotechnologische Prozess ist also nur schwer zu realisieren. Einen wichtigen Schritt in die richtige Richtung stellt das Protein-Engineering dar. Beim Protein-Engineering wird eine gewünschte Eigenschaft des Proteins durch Manipulation am Enzym selbst verändert. Neben dem Protein-Engineering gibt es auch weitere, verfahrenstechnisch orientierte Methoden, wie z.B. das Lösungsmittelengineering (*solvent engineering*) zur Beeinflussung von Enzymeigenschaften[2, 3], auf die hier aber nicht weiter eingegangen werden soll. Protein-Engineering findet meistens auf der Ebene der DNA statt, kann aber auch posttranslational, z.B. durch Substitution eines Metallions[4, 5] oder durch Immobilisierung an eine Festphase erfolgen. Meistens wird jedoch das Gen des zu manipulierenden Proteins modifiziert und das korrespondierende Enzym auf seine Eigenschaften untersucht. Hierbei unterscheidet man zwei grundsätzliche Prinzipien: Auf der einen Seite gibt es die Methode der gerichteten Evolution, bei der ein großer Pool generierter Proteinvarianten nach solchen mit verbesserten Eigenschaften durchmustert wird. Dieser Ansatz basiert mehr oder weniger auf dem zufälligen Auftreten vorteilhafter Mutationen. Auf der anderen Seite steht das rationale Proteindesign, bei welchem man Computer-unterstützt nach möglichen Positionen im Protein schaut, die mit hoher Wahrscheinlichkeit die gewünschte Eigenschaft beeinflussen und Lösungen vorschlägt, diese zu generieren. Beide Methoden sind in Abbildung 1.1 schematisch gegenübergestellt. Dass beide Technologien sich nicht mehr komplett trennen lassen, sondern mehr und mehr gemeinsam genutzt werden, wird in den folgenden Kapiteln verdeutlicht.

1. Einleitung

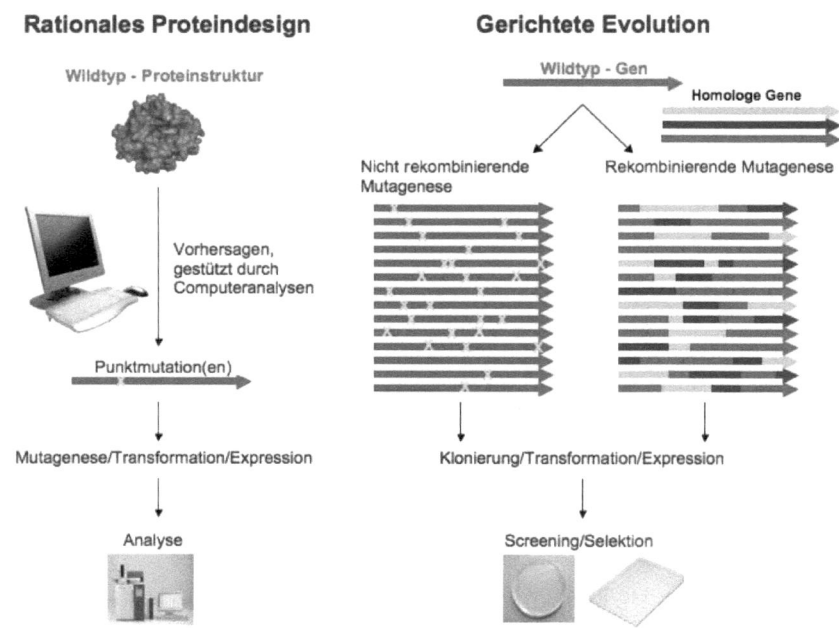

Abbildung 1.1: Schematische Gegenüberstellung von rationalem Proteindesign und gerichteter Evolution. Beim rationalen Proteindesign generiert und analysiert man häufig nur eine oder wenige Proteinvarianten. Die Art und Position der Mutation(en) wird dabei Computer-unterstützt ermittelt. Bei der gerichteten Evolution kreiert man große Mutantenbibliotheken, wobei Art und Position der Mutation mehr oder weniger zufällig sind und durchmustert anschließend die komplette Kollektion nach Varianten mit gewünschten Eigenschaften[6].

1.1.1 Gerichtete Evolution

Allgemeine Prinzipien

Unter gerichteter Evolution eines Proteins versteht man iterative Zyklen von Screening oder Selektion einer Bibliothek genetisch veränderter Varianten, um Kandidaten mit verbesserten Eigenschaften zu identifizieren[7].

Die hierbei am häufigsten verwendete Methode zu Generierung der genotypischen Vielfalt ist nach wie vor die fehlerbehaftete Polymerasekettenreaktion (*error prone* PCR, *ep*PCR)[8, 9]. Hierbei werden die optimalen Bedingungen der PCR, z.B. durch ein unausgeglichenes dNTP-Verhältnis oder/und Zugabe von Mn^{2+}-Ionen, gestört, wodurch Fehler während der Amplifikation entstehen. Durch Verwendung von Polymerasen ohne Korrekturlesefunktion, wie der *Thermophilus aquaticus* DNA-Polymerase (*Taq*-Polymerase), werden zusätzlich

Mutationen inkorporiert. Diese Methode hat viele Limitationen, wie z.b. einen bevorzugten Austausch bestimmter Nukleotide durch die Polymerase (*error bias*) und den sehr seltenen Austausch von benachbarten Nukleotiden, welches, in Anbetracht der Degeneriertheit des genetischen Codes, einige Aminosäuresubstitutionen sehr unwahrscheinlich macht[10]. Trotzdem stellt diese Methode aufgrund der relativ simplen Durchführung und der immer noch ausreichenden Diversität der Bibliothek zur Lösung vieler Probleme eine wichtige Methode in der gerichteten Evolution dar. Eine weitere, ebenso bedeutende Methode zur Kreation einer Mutantenbibliothek ist das DNA-*shuffling*[11]. Hierbei werden homologe Gene zuerst partiell mittels DNase I verdaut und nachfolgend via Polymerasekettenreaktion rekombiniert. Die Bibliothek enthält demnach Chimären, welche Teilsequenzen verschiedener homologer Enzyme enthalten. Diese Methode ist natürlich beschränkt auf Gene mit einer relativ hohen Sequenzhomologie, deren untere Grenze in der Literatur mit 70% angegeben ist[12].

Neben epPCR und DNA-*shuffling* gibt es eine Vielzahl weiterer rekombinierender und nicht rekombinierender Mutagenesestrategien, mit denen es gelingt, die jeweiligen Limitierungen mehr oder weniger zu umgehen und mit welchen man Bibliotheken für verschiedene Fragestellungen herstellen kann. Beispiele wie SeSaM[13], ITCHY[14], SCRATCHY[15], RACHITT[16], StEP[17], SHIPREC[18], OSCARR[19] und *circular permutation*[20] sind in zahlreichen Reviews und Büchern beschrieben und sollen daher hier nicht weiter erläutert werden[12, 21].

Gerichtete Evolution setzt sich aus der Generierung einer Mutantenbibliothek und der anschließenden Durchmusterung dieser mittels eines geeigneten Screenings- oder Selektionssystems nach Varianten mit verbesserten Eigenschaften zusammen. Ein Screening wird zumeist in 96er oder 384er Mikrotiterplatten durchgeführt. In jeder Vertiefung der Platte befindet sich dabei eine Variante aus einer Bibliothek, die meist mittels photometrischer oder fluorimetrischer Methoden auf eine bestimmte, gewünschte Eigenschaft untersucht wird. Durch den Einsatz immer modernerer Instrumente kann man heute bis zu 10^6 solcher Klone am Tag durchmustern.

Einen sehr viel größeren Durchsatz erlaubt die Selektion, wobei man prinzipiell zwischen *in vivo* und *in vitro* Selektion unterscheidet. Bei der *in vivo* Selektion produziert man künstlich einen Selektionsdruck, welchem nur solche Varianten widerstehen können, die eine gewünschte Aktivität besitzen. Die am wohl weitesten verbreitete Art der *in vivo* Selektion, wenn auch nicht zwangsläufig nur zur Anwendung gerichteter Evolution geeignet, ist die Benutzung von Antibiotikaresistenz-Genen zur Stabilisierung von Expressionsplasmiden. Nur solchen Organismen wird das Überleben ermöglicht, welche Träger des gewünschten Plasmides sind. Neben den Anitibiotikaresistenzen gehören Wachstumsassays zu den gängigen *in vivo* Selektionsansätzen, in welchen Varianten auf Minimalmedien gegeben werden, die Vorstufen essentieller Nahrungsbestandteile enthalten und auf denen nur solche überleben können, die in der Lage sind, diese Bestandteile für den Katabolismus zugänglich zu machen. Die *in vitro* Selektion wird meist in Verbindung mit Durchflusszytometrie verwendet und erlaubt einen Durchsatz von bis zu 10^{12} Varianten am Tag. In diversen Display-Methoden (*phage-*[22, 23], *yeast-*[24], *bacterial-*[25], *ribosome-*[26] oder *mRNA display*[27]) wird hierbei der Phänotyp einer Proteinvariante an seinen Genotyp gekoppelt. Den Phänotypen eines Proteins stellt in diesem Fall die zu modifizierende Eigenschaft dar. Besitzt es diese, wird es detektiert und somit selektiert. Selektion, kann wie beim *phage display*, über Bindung an einen immobilisierten Liganden erfolgen, oder, wie z.B. beim *bacterial display*, über Fluoreszenzmarker.

Erfolgsgeschichte

Etabliert hat sich die Technologie der gerichteten Evolution seit nunmehr 15 Jahren. Bereits 1991 legte die Gruppe um Frances H. Arnold den Grundstein für diese revolutionäre Technologie des Protein-Engineerings am Beispiel von Subtilisin E. Nach mehreren Zyklen von epPCR, gefolgt von einem Screening auf Dimethylformamid (DMF) und Casein enthaltenen Agarplatten, identifizierte sie eine 3-fach Mutante mit 38-fach höherer Aktivität in Gegenwart von 85% DMF und zeigte somit zum ersten Mal das Prinzip dieser Methode auf[28]. Durch weitere Zyklen von Mutagenese und Screening konnte sie in Folgearbeiten durch Substitution von 13 Aminosäuren eine 471-fach erhöhte Aktivität gegenüber dem Wildtyp in 60% DMF erreichen, und demonstrierte damit eindrucksvoll die Möglichkeiten gerichteter Evolution[29, 30]. Mit einer 50-60-fach höheren Aktivität einer Mutante der *Bacillus subtilis* p-Nitrobenzylesterase, verglichen mit deren Wildtyp, konnte ebenfalls gezeigt werden, dass das Prinzip nicht nur auf Subtilisin E, sondern auch auf andere Enzyme anwendbar ist[31]. Schon ein Jahr nach Erscheinen der ersten Arbeit von Arnold *et al.*, zeigten Forscher des Scripps Research Institute (La Jolla, CA, USA), dass diese Methode nicht auf Proteine beschränkt ist. Ihnen gelang es, mittels gerichteter Evolution, die Aktivität eines Ribozyms, also einer katalytisch aktiven Form der RNA, 100-fach zu erhöhen[32]. Diese Arbeiten bildeten die Grundlage für eine Technologie, die heute als eine der Standardtechnologien für das Protein-Engineering anzusehen ist.
Der Grund für den riesigen Erfolg dieser Methode liegt u. a. in ihrer relativen Anspruchslosigkeit in Bezug auf Informationen, die über das Zielprotein benötigt werden. Im Prinzip reicht als Information die Nukleotidsequenz aus, um eine einfache Zufallsmutagenese durchführen zu können, wodurch sehr viele neue Proteine für das Protein-Engineering zugänglich gemacht werden. Weiterhin kann mit Hilfe der gerichteten Evolution beinahe jede Enzymeigenschaft, wie Thermostabilität[33], pH-Stabilität[34], Lösungsmittelstabilität[35], katalytische Effizienz[36], Enantioselektivität[37], Substratspezifität[19] und sogar das Einfügen

neuer Aktivitäten in Proteingerüste[38] erfolgreich bearbeitet werden. Das Potential der gerichteten Evolution erkannten nicht nur akademische Gruppen. Eine Vielzahl kleinerer und mittlerer Unternehmen, wie z.b. Codexis, Maxygen, Diversa (heute Verenium) und Direvo nutzten gerichtete Evolution für ihr Firmenmodell, und auch große Konzerne wie Eli Lilly, Novartis, Evonik, BASF, Henkel und DSM bedienen sich heute dieser Technologie.

Aktuelle Trends

Natürlich unterliegen nicht nur die Zielproteine, sondern auch die Technologie selbst einer Evolution, in dessen Verlauf sie sich immer weiter entwickelt und verbessert hat. So entstanden, wie oben beschrieben, viele verschiedene Methoden zur Generierung von Proteinbibliotheken. Je nach dem, welche Eigenschaft man bei einem bestimmten Protein ändern möchte und welche Informationen dafür zur Verfügung stehen, kann man aus dieser Kollektion auswählen und das Protokoll gegebenenfalls je nach Wunsch modifizieren. Auch die Möglichkeiten, die geschaffene Diversität an Proteinen durchzumustern, haben sich in den letzten Jahren stark verändert. Wurden die Mutantenbibliotheken anfangs noch mit Zahnstochern von Agarplatten in Mikrotiterplatten überführt, in welchen sie anschließend auf eine bestimmte Eigenschaft untersucht wurden, übernehmen heute zumeist moderne Roboter diese langwierige Arbeit. Noch effizienter, in Bezug auf den Durchsatz, sind moderne Systeme, die die Kultivierung in Mikrotiterplatten ganz weglassen und den entscheidenden Effekt direkt an der Zelle oder sogar direkt am Reaktionsort messen. Bei letzterer Methode wird die Kopplung an den Genotyp nicht mehr über die Zelle, sondern über Bindung an die mRNA gewährleistet. Diese Art des Durchmusterns ist nur durch die Entwicklung modernster Technik möglich. So erlauben beispielsweise Durchflusszytometer die Detektion eines Effektes (z.B. Fluoreszenz) an bis zu 30.000 Zellen pro Sekunde.

Neben den Fortschritten bezüglich Mutagenesestrategien sowie Screenings- und Selektionsmethoden entwickelten sich fundamentale Konzepte zur Optimierung der gerichteten Evolution. Hierbei lassen sich prinzipiell zwei verschiedene Trends benennen, die sich keineswegs ausschließen, sondern ebenfalls einander ergänzend eingesetzt werden können.

Der erste Trend geht, wie bereits angedeutet, in Richtung immer größerer Proteinbibliotheken. Hierbei setzt man auf die gegebene Wahrscheinlichkeit, eine Variante mit gewünschten Eigenschaften zu finden, wenn die Anzahl der durchmusterten Mutanten groß genug ist. Der zweite Trend geht in die umgekehrte Richtung. Durch die explosionsartige Generierung von Daten durch moderne Sequenzierungsmethoden, Strukturaufklärung sowie mechanistische und enzymologische Untersuchungen als auch die sich schnell entwickelnde Computertechnik ist es heute möglich, die gerichtete Evolution nicht mehr rein zufallsbasiert, sondern fokussierter zu gestalten. Auf diese Weise können Proteinbibliotheken generiert

1. Einleitung

werden, die zwar kleiner, aber von höherer Qualität sind (*smart libraries*). Dass beide Konzepte aufgehen, soll in einigen, eindrucksvollen Beispielen gezeigt werden.
Die Serinprotease OmpT wird in *E. coli* nur unlöslich exprimiert. Durch Mutagenese, gefolgt von einer Selektion mittels FACS (*fluorescens activated cell sorting*), konnten lösliche Varianten 5.000-fach angereichert werden. Weiterhin konnte die Aktivität dieses Enzyms gegenüber einer vom Wildtyp unfavorisierten Schnittstelle (Arg-Val) 60-fach gesteigert werden. Selektiert wurde nach Zellen, die proteolytisch aktiv waren und durch Hydrolyse der Arg-Val-Bindung einen Fluoreszenzfarbstoff freisetzten, der durch negative Ladungen in der Zelle gehalten wurde. Der Screeningdurchsatz betrug $6*10^5$ [39]. In späteren Arbeiten derselben Gruppe konnte ebenfalls die Spezifität dieses Enzyms mit ähnlicher Technik verändert werden. Hierzu wurden jedoch zwei Substrate eingesetzt. Eines diente als Indikator für die gewünschte Spezifität (Positivsubstrat), eines für die ungewünschte Spezifität (Negativsubstrat). OmpT schneidet vor allem zwischen basischen Resten, sodass eine Arg-Arg-Schnittstelle als Negativsubstrat verwendet wurde. Verschiedene andere Schnittstellen wurden in Positivsubstraten verwendet. War eine Variante in der Lage, das Negativsubstrat zu hydrolysieren, wurde ein roter Fluoreszenzfarbstoff frei, war sie in der Lage, das Positivsubstrat umzusetzen, wurde ein grüner frei. Beide Substrate wurden parallel eingesetzt und ca. 10^8 Varianten nach solchen durchsucht, die eine hohe grüne und eine niedrige rote Fluoreszenz zeigen. Für vier von fünf untersuchten neuen Schnittstellen (Ala-Arg, Glu-Arg, Tyr-Arg, Thr-Arg) wurden Varianten gefunden, die diese mit einer Effizienz hydrolysieren, wie der Wildtyp die Arg-Arg-Schnittstelle und gleichzeitig alle anderen gar nicht oder sehr langsam hydrolysierten[40]. Dieses Prinzip erlaubt möglicherweise in Zukunft die Herstellung spezifischer Proteasen, die ausschließlich an gewünschter Stelle schneiden und dürfte damit von hohem Interesse für medizinische Anwendungen sein. Das Prinzip dieser Methode ist in Abbildung 1.2 dargestellt.
Ein ähnliches Prinzip zur Bestimmung der Substratspezifität von Proteasen entwickelten Chaparro-Riggers *et al.*, wobei dieses *in vitro* Selektionssystem im Gegensatz zum hier vorgestellten Beispiel auf Phage-Display basiert[41].
Eine andere sehr raffinierte Arbeit ist die Generierung von RNA-Ligaseaktivität in ein inaktives Proteingerüst. Hierfür wurden zwei Loops in einem stabilen Zinkfinger-Protein komplett randomisiert und 10^{12} Proteinvarianten *in vitro* selektiert. Nach 17 Selektionsrunden, in denen der Selektionsdruck durch immer kürzere Reaktionszeiten erhöht wurde, konnten Varianten isoliert werden, die die Reaktion $2*10^6$mal schneller katalysieren als der Hintergrund[38]. Das komplette Verfahren ist schematisch in Abbildung 1.3 dargestellt.

1. Einleitung

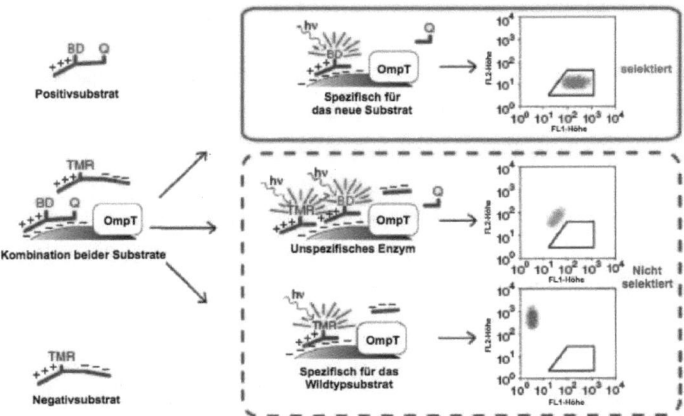

Abbildung 1.2: Prinzip des Selektionsassays zur Auffindung von OmpT-Varianten mit veränderter Substratspezifität. Das Positivsubstrat, ein Peptid für das die neue Spezifität generiert werden soll, ist hierbei an einen grünen Fluoreszenz-Farbstoff (BODIPY) gekoppelt. Wird das Substrat hydrolysiert, wird der Farbstoff freigesetzt und die Zelle fluoresziert grün (Oben). Als Negativsubstrat wird das Peptid, für welches OmpT die höchste Wildtypaktivität besitzt an einen anderen Farbstoff gekoppelt (TMR = Tetramethylrhodamin). Wird dieses Substrat hydrolysiert, fluoresziert die Zelle rot (Unten). Bei gleichzeitigem Einsatz beider Substrate, werden nur solche Zellen selektiert, die grün fluoreszieren. Solche, die orange fluoreszieren, sind unspezifisch und hydrolysieren beide Substrate (Mitte). Diese werden nicht selektiert[40].

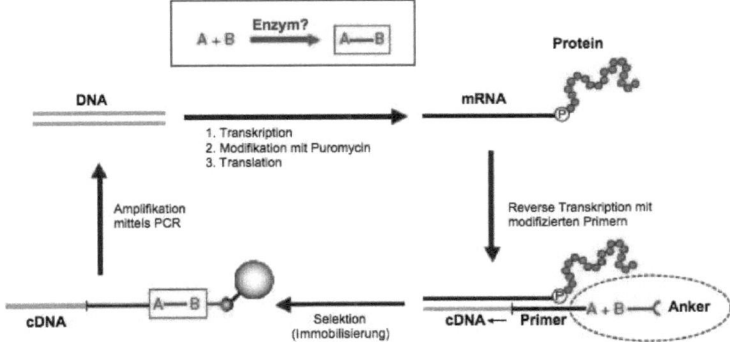

Abbildung 1.3: Prinzip der *in vitro* Selektion mittels mRNA-Display zur Generierung von *de novo* RNA-Ligaseaktivität. Eine DNA Bibliothek wird *in vitro* in ihre RNA transkribiert und weiter translatiert, wobei die RNA durch ein Puromycinoligonukleotid an das Protein gebunden bleibt. Die RNA wird mittels reverser Transkriptase in seine cDNA übersetzt, wobei diese an ein Substrat A gebunden ist. Diese kommt in räumliche Nähe zum Protein und zu einem Substrat B, das an einen Anker gebunden ist. Durch enzymatische Aktivität werden A und B verknüpft, wodurch der Anker indirekt an die cDNA gebunden, die dann gefischt und amplifiziert werden kann[38].

1. Einleitung

Einen interessanten Ansatz zur Veränderung der Enantioselektivität von Enzymen mittels *in vitro* Selektion liefern Becker et al.[42]. Hierbei wurden die beiden Enantiomere einer chiralen Carbonsäure jeweils über Esterbindung an unterschiedliche Fluoreszenzfarbstoffe gekoppelt. Neben einer Peroxidase wurde eine Esterasebibliothek auf der Oberfläche der Zellen präsentiert. War eine Variante in der Lage, eines der Substrate umzusetzen, wurde der fluoreszierende Alkohol frei. Dieser reagierte, katalysiert durch die Peroxidase, zum Radikal und wurde somit an Oberflächentyrosine an der Zelle immobilisiert. Auf diese Weise gelang die Kopplung von Phäno- und Genotyp. Varianten, die in der Lage waren, eines der Enantiomere selektiv umzusetzen, fluoreszierten nur in dieser entsprechenden Farbe und wurden selektiert. Auf diese Weise konnte der E-Wert der *Pseudomonas aeroginosa* Esterase von 1,1 auf 10 gegenüber *p*-Nitrophenyl-2-methyl-caprinat erhöht werden.

Diese Beispiele für die Durchführung gerichteter Evolution über die *in vitro* Selektion riesiger Mutantenbibliotheken untermauern eindrucksvoll die Möglichkeiten dieser Methode zum Design maßgeschneiderter Proteine.

Der zweite wichtige Trend der gerichteten Evolution ist der hin zu immer kleineren, aber dafür qualitativ besseren Bibliotheken. Die Gruppen um Tawfik und Arnold entwickelten zeitgleich das Prinzip der neutralen, genetischen Drift für das Protein-Engineering und postulierten deren Bedeutung in der natürlichen Proteinevolution[43, 44]. Unter neutraler, genetischer Drift versteht man die Akkumulation von Mutationen in einem Protein (bzw. dessen Gen), ohne dass diese einen Einfluss auf die primäre Funktion des Proteins haben. Trotz neutraler Wirkung auf die Primärfunktion haben diese Mutationen oft großen Einfluss auf Sekundärfunktionen. Von 300 untersuchten Paraoxonase-Varianten, welche alle die gleiche Lactonaseaktivität und das gleiche Expressionsniveau wie der Wildtyp zeigten, besaßen die Hälfte veränderte Eigenschaften in ihrer Substratspezifität, promiskuitiven Aktivität (Erklärung, siehe Kapitel 1.1.3.1) oder ihren Inhibierungseigenschaften[43]. Es konnte weiterhin gezeigt werden, dass in solchen Proteinen, Mutationen angereichert sind, die als *back-to-consensus*-Mutationen bezeichnet werden können, wenn eine hohe Mutationsrate zur Generierung der Bibliothek verwendet wurde. Das heisst, es treten solche Aminosäuren auf, die an gleicher Position auch in sehr vielen anderen Enzymen der gleichen Familie auftreten. Von solchen Substitutionen weiß man, dass sie stabilisierend auf die Proteinintegrität wirken können[45]. Deshalb geht man davon aus, dass diese stabilisierenden Mutationen die destabilisierende Wirkung anderer Mutationen kompensieren und es dem Protein erlauben, sich richtig zu falten. Auf diese Weise erlaubt die neutrale, genetische Drift die Herstellung von robusten und hoch diversen Genbibliotheken[46]. Experimentell funktioniert dieser Ansatz so, dass man das Zielprotein einer Mutagenese aussetzt und anschließend den generierten Pool nach Varianten durchmustert, die ihre Primärfunktion erhalten haben und somit einen neuen, kleineren Pool generiert. Auf diese Weise wird

1. Einleitung

sichergestellt, dass sich in diesem kleineren Pool nur solche Varianten befinden, die richtig gefaltet, strukturell intakt und trotzdem sehr divers sind. Diese Kollektion wird erst dann nach Proteinen mit gewünschten Eigenschaften durchsucht. Diese Methode der Vorselektion erlaubt es, eine sehr hohe Mutationsrate zu verwenden. Diese erhöht zwar die Anzahl falsch gefalteter Proteine, aber durch ein Screening, dass sehr hohe Durchsätze erlaubt, kann ein kleiner Pool hochpolymorpher Varianten generiert werden. So wurden z.b., durch die Fusion eines GFP (*green fluorescent protein*) an eine Bibliothek von Paraoxonasen, solche Varianten selektiert, die strukturell intakt waren und dessen Wirt somit grün fluoreszierte. Die Mutationsrate wurde hierbei sehr hoch gewählt. Zusätzlich wurde eine andere Bibliothek generiert, bei der eine niedrigere Mutationsrate verwendet wurde. Nachfolgend wurden beide Bibliotheken mittels Durchflusszytometrie vorselektiert und jeweils kleinere *neutral drift*-Bibliotheken hergestellt. Anschließend wurde der kleinere Pool nach Varianten mit erhöhter spezifischer Aktivität gegenüber verschiedenen Substrate durchmustert. Hierbei fanden sich signifikant mehr aktivere Varianten in dem Pool, der aus der Bibliothek herausselektiert wurde, bei der eine hohe Mutationsrate verwendet worden war[47].

Um die Auswirkungen von Mutationen im aktiven Zentrum auf die Proteinstabilität zu untersuchen, wurden die Effekte von 548 Mutationen in 22 verschiedenen Enzymen berechnet. Die meisten Mutationen in der Substratbindetasche waren hierbei klar destabilisierend auf die Gesamtstruktur[48]. Um die Toleranz gegenüber solchen Mutationen weiter zu erhöhen, kann man neben der Bibliothek des gewünschten Zielproteins Chaperone coexprimieren. Diese assistieren bei der Proteinfaltung und erlauben die Akkumulation destabilisierender Mutationen. Nach Durchführung von neutraler, genetischer Drift von vier verschiedenen Enzymen, die mit *Gro*EL und *Gro*ES coexprimiert wurden, wurden die Bibliotheken untersucht. Die Anzahl akkumulierter Mutationen war doppelt so hoch, wie bei ohne Chaperone exprimierten Bibliotheken, und auch Enzyme mit stark destabilisierenden Mutationen ließen sich noch exprimieren. Die Auswirkung auf die Qualität der Bibliotheken war, dass sich die Enzyme doppelt so schnell an ein alternatives Substrat anpassten und die spezifische Aktivität 10-fach höher war[49].

In den ersten Experimenten zur gerichteten Evolution und auch in einigen modernen Ansätzen, wie der neutralen, genetischen Drift, wurde bzw. wird das komplette Gen randomisiert. Die Mutationen werden hierbei mehr oder weniger zufällig (je nach Mutagenesestrategie) über das Gen und damit die Struktur verteilt. Die Vielfalt, die hierbei kreiert wird, ist demzufolge riesig und die Wahrscheinlichkeit, Mutanten mit gewünschten Eigenschaften zu finden, relativ gering. In vielen neueren Ansätzen geht man hingegen rationaler vor. Möglich ist dieser Trend durch die Generierung einer riesigen Datenvielfalt. Moderne Sequenzierungstechnologien, zuverlässige Annotierung, Strukturaufklärung, Computersysteme, sowie biochemische Untersuchungen füllen die Datenbanken und erlauben Vorhersagen möglicher Reaktionsmechanismen und liefern strukturelle Erklärungen enzymologischer Phänomene. Daher ist es in manchen Fällen, aufgrund ausreichender struktureller Informationen, einfach nicht nötig, das komplette Protein einer Mutagenese zu unterziehen. Vielmehr kann man sich auf bestimmte Bereiche, wie einzelne oder mehrere Aminosäuren oder Loops, konzentrieren. Dieses Wissen begründet den Trend in Richtung kleinerer, aber besserer Bibliotheken, die es mit weniger Screeningaufwand erlauben, Varianten mit verbesserten Eigenschaften zu finden. Eine schematische Darstellung der Korrelation zwischen Screeningaufwand und nötigen Informationen über das Protein ist in Abbildung 1.4 dargestellt.

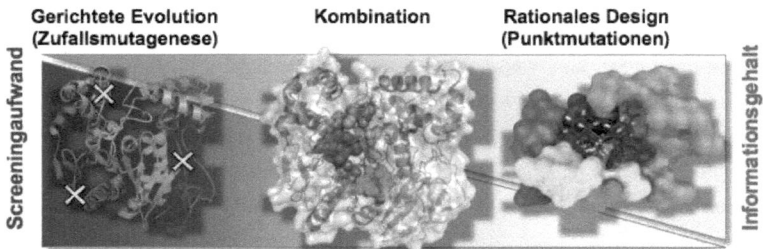

Abbildung 1.4: Schematische Gegenüberstellung des Screeningaufwandes und der zugänglichen Informationen über ein Zielprotein für ein Protein-Engineering-Experiment. Ist viel über ein Protein bekannt (Sequenz, Struktur, Mechanismus, biochemische Charakterisierung), reichen oft wenige rational ermittelte Punktmutationen aus, um eine gewünschte Eigenschaft zu generieren. Ist hingegen wenig bekannt, müssen die Mutationen mehr oder weniger zufällig gesetzt werden und die somit generierte Diversität nach Varianten gewünschter Eigenschaft durchmustert werden. Die Kombination dessen ist die Generierung der Diversität nur in ausgewählten Bereichen des Enzyms.

Unter Mithilfe solcher Struktur- oder Sequenzbasierten Informationen lassen sich semi-rationale Ansätze für die gerichtete Evolution kreieren. Der rationale Anteil kann hierbei mehr oder weniger groß sein. Ein einfacher und daher sehr oft angewandter semirationaler Ansatz mit sehr hohem rationalem Anteil ist die Sättigungsmutagenese. Hierbei wird eine ausgewählte Aminosäure meist durch alle anderen 19 proteinogenen Aminosäuren ersetzt und die kleine Bibliothek auf Varianten mit gewünschten Eigenschaften durchsucht. Beispielsweise brachte eine solche Sättigung im aktiven Zentrum des *old yellow enzymes* Varianten hervor, die die Reduktion einiger asymmetrischer Alkene mit umgekehrter Stereoselektivität katalysierten[50].

Noch erfolgversprechender ist jedoch die simultane Sättigung mehrerer Positionen. Zwischen strukturell benachbarten Aminosäuren sind eine gegenseitige Beeinflussung und daher kooperative Effekte relativ wahrscheinlich. Ein gutes Beispiel dafür, dass eine solche Simultansättigung sinnvoll sein kann, lieferten Bartsch et al.[51] Sie ersetzten in der *Bacillus* subtilis Esterase die Aminosäuren Glu188 und Met193 gleichzeitig durch alle anderen Aminosäuren und durchmusterten die Bibliothek nach Varianten mit invertierter Enantioselektivität (Wildtyp: E_R > 42). Die beste Mutante (Glu188Trp, Met193Cys) hatte einen E-Wert von 64, wobei das (S)-Enantiomer bevorzugt umgesetzt wurde. Bemerkenswert ist, dass die Einzelmutante Glu188Trp zwar bereits leicht (S)-selektiv (E_S = 26) war, die Mutante Met193Cys jedoch das (R)-Enantiomer bevorzugte (E_R = 16). Folglich war diese Mutation nur über die Methode der Simultansättigung zu identifizieren.

Diesem Ansatz verwandt ist die iterative Sättigungsmutagenese (ISM)[52]. Hierbei werden in iterativen Zyklen ausgewählte Positionen, von denen man annimmt, dass sie eine bestimmte Eigenschaft des Proteins mit hoher Wahrscheinlichkeit beeinflussen (*hot spots*), mit allen Aminosäuren gesättigt. Ein Bereich kann aus einer, zweien, dreien oder noch mehr Aminosäuren bestehen, die gleichzeitig gesättigt werden. Die beste Mutante jeder Position dient als Templat für die Sättigung der nächsten Position. Man „geht also Position für Position ab", wobei sich die gewünschte Eigenschaft ständig verbessern sollte. Landet man in einer „Sackgasse", geht man einen Schritt zurück und wählt eine andere Position für die Mutagenese. Bekannteste Beispiele der ISM sind der *combinatorial active-site saturation test* (CAST)[53] und der *B-factor iterative test* (B-FIT)[54]. Beim CASTing bilden die Aminosäuren in der Substratbindetasche die zu modifizierenden Positionen. In fünf iterativen Zyklen gelang es, z.B. die Enantioselektivität der *Aspergillus niger* Epoxidhydrolase von 4,6 auf 115 zu erhöhen (Abbildung 1.5)[55]. Dazu wurden lediglich 20.000 Klone durchmustert. In vorherigen Arbeiten mit dem gleichen Enzym wurden ebenfalls 20.000 Klone, die jedoch mittels epPCR hergestellt wurden, durchmustert. Die beste, aus diesem Ansatz resultierende Mutante, zeigte nur einen E-Wert von 11[56]. Dass diese Methode in Fragestellungen betreffend der Enantioselektivität und Substratspezifät sehr geeignet ist, konnte in mehreren weiteren Beispielen demonstriert werden[57, 58]. Voraussetzung ist hierbei natürlich das Vorhandensein einer Kristallstruktur oder zumindest eines Homologiemodells geeigneter Qualität. B-FIT stellt eine Methode zur Stabilisierung dar. Grundlage für die Wahl der Positionen für die iterative Sättigungsmutagenese sind hierbei die B-Faktoren der Aminosäuren in der Kristallstruktur, die die Flexibilität dieser widerspiegeln (Kapitel 1.1.3.2). Auch hier werden schrittweise alle ausgewählten Positionen „abgegangen" und mit allen 20 Aminosäuren gesättigt. Die jeweils beste Mutante bildet das Templat für die nächste Runde. Mit Hilfe dieser Methode gelang eine Stabilisierung der *Bacillus subtilis* Lipase A. Während der Wildtyp nach einer Inkubation von einer Stunde bei 48°C noch die Hälfte seiner Aktivität besaß, konnte diese Temperatur in fünf iterativen Zyklen auf 93°C erhöht werden, wobei nur fünf Mutationen in das Wildtypenzym inkorporiert werden mussten (Abbildung 1.5)[54].

1. Einleitung

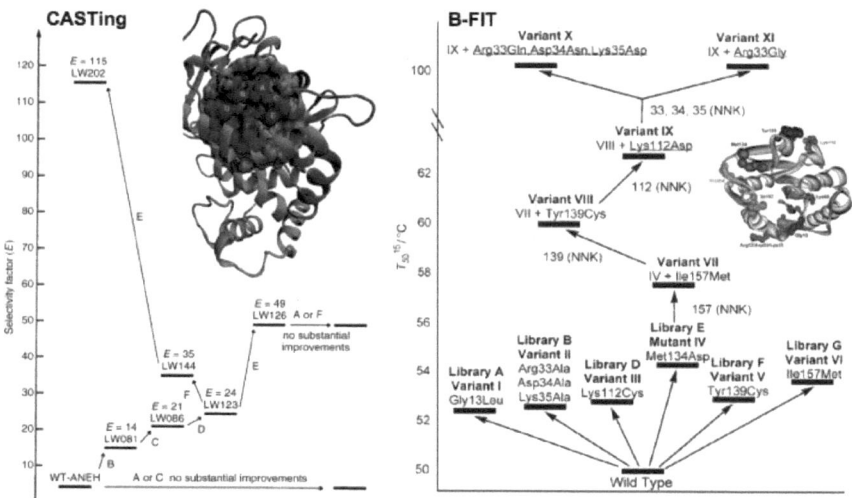

Abbildung 1.5: Zwei unterschiedliche Anwendungen der iterativen Sättigungsmutagenese. **Links:** Erhöhung des E-Wertes der *Aspergillus niger* Epoxidhydrolase von 4,6 auf 115 mittels CASTing. Nachdem die Sättigung von A und C keine Verbesserung brachte, wurden die Positionen B, C und D aufeinander folgend gesättigt, wobei die Stereoselektivität stetig bis auf 24 stieg. Die nachfolgende Sättigung von Position E ergab eine Variante mit einem E = 49, die Sättigung von Position F und anschließend E brachte eine Variante mit E = 115[55]; **Rechts:** Erhöhung der Thermostabilität der *Bacillus subtilis* Lipase A von T_{50}^{15} = 50 auf T_{50}^{15} > 100 mittels B-FIT. Es wurden zuerst acht Positionen gesättigt, von denen sechs Varianten höherer Thermostabilität als der Wildtyp hervorbrachten. Eine dieser Varianten diente als erstes Template für weitere Sättigungsrunden (Met134Asp), in denen nacheinander vier der fünf identifizierten Positionen „abgegangen" wurden. Die beste Mutante der letzten Runde hatte einen T_{50}^{15}-Wert von > 100[54]. Der T_{50}^{15}-Wert entspricht der Temperatur, bei der das Enzym nach 15 Minuten Inkubation noch 50% seiner Anfangsaktivität hat. Die Abbildung entstammen den genannten Publikationen[54, 55].

Wie in den meisten Experimenten der Sättigungsmutagenese wurden die betreffenden Positionen aus den genannten Beispielen unter Verwendung des degenerierenden Codons NNK modifiziert, das in 32 Codons für alle 20 proteinogenen Aminosäuren codiert. Sollen hierbei zwei, drei oder mehr Positionen gleichzeitig randomisiert werden, erhöht sich der Screeningaufwand rasant, will man alle möglichen Kombinationen durchtesten. Zu beachten ist, dass sich der Screeningaufwand nur bedingt mit der Gleichung 20^x berechnen lässt, wobei x die Anzahl der gleichzeitig zu sättigenden Positionen ist. Die tatsächliche Zahl, der zu durchmusternden Varianten ist viel größer und kann mittels der Gleichung O = -ln (1-P) ermittelt werden[59]. P ist hierbei die Wahrscheinlichkeit eine bestimmte Variante in einem durchmusterten Pool zu finden und O gibt den *oversampling factor* an. Dieser wiederum setzt sich aus dem Quotienten aus der Anzahl durchmusterter Varianten und der Anzahl verschiedener Varianten (20^x) einer Bibliothek zusammen. Ein Rechenbeispiel ist in Tabelle 1.1 angegeben.

Tabelle 1.1: Rechenbeispiel für die Anzahl möglicher Kombinationen und der entsprechende Screeningaufwand bei einer simultanen Sättigung mehrerer Positionen mit dem Codon NNK.

Positionen	Anzahl möglicher Kombinationen	Anzahl zu durchmusternder Varianten*
1	20	94
2	400	3.066
3	8.000	98.163
4	160.000	3.141.251
5	3.200.000	100.520.093

* um 95% aller möglichen Kombinationen abzudecken

Aufgrund der Tatsache, dass sich die Zahl der zu durchmusternden Varianten mit steigender Anzahl an gleichzeitig mutierten Positionen so schnell erhöht, schlugen Reetz et al. vor, die Sättigung mit dem Codon NDT durchzuführen, welches nur 12 Aminosäuren in 12 Codons verschlüsselt[59]. Unter diesen 12 Aminosäuren befinden sich Reste aller Eigenschaften wie sauer, basisch, polar, unpolar, aromatisch, aliphatisch usw. Auf diese Weise würde der Screeningaufwand verkleinert werden und trotzdem Aminosäuren aller Eigenschaften an die jeweiligen Positionen gesetzt.

Eine andere semirationale Strategie der gerichteten Evolution ist die komplette oder partielle Randomisierung von Loops im aktiven Zentrum oder dessen Eingangstunnel. Die oben erwähnte Arbeit zur Einführung von de novo RNA-Ligase-Aktivität in ein Zinkfingerprotein gelang durch die Komplettrandomisierung zweier Loops[38]. Weitere Beispiele sind die veränderte Substratspezifität und Enantioselektivität der *Pseudomonas fluorescens* Esterase durch die partielle Sättigung eines Loops im Eingangssbereich zum aktiven Zentrum[19, 60] sowie eine 670-fach gesteigerte katalytischen Effizienz der *Hae*III Methyltransferase durch Sättigung der DNA-bindenden Aminosäuren und eines kompletten Loops[61]. Bei den hier dargestellten Methoden zur semirationalen gerichteten Evolution handelt es sich um nicht rekombinierende Mutagenesestrategien, die jeweils nur ein Zielprotein modifizieren. Auch für rekombinierende Methoden gibt es Computer-basierte Systeme, die es erlauben, Gene effizienter zu kombinieren. Bekanntestes Beispiel hierfür ist SCHEMA[62]. Hierbei handelt es sich um einen Algorithmus, der die Identifikation von Proteinfragmenten erlaubt, die sich kombinieren lassen und dessen Hybride mit höherer Wahrscheinlichkeit richtig falten. SCHEMA kalkuliert die Aminosäureinteraktionen innerhalb eines Proteins und zählt solche, die während möglicher Rekombinationsmomente zerstört werden. Auf diese Weise werden Rekombinationsloki ermittelt, bei welchen möglichst wenige solcher Interaktionen verloren gehen und sich daher besonders gut für die Rekombination eignen. Es wurden Vertreter fünf verschiedener Enzyme rekombiniert und jeweils solche selektiert, die ihre Wildtypaktivität behielten. Bemerkenswerterweise waren fast alle Rekombinationsorte mit denen vom SCHEMA-Algorithmus vorhergesagten identisch. Dass diese Methode auch praktisch für das Protein-Engineering genutzt werden kann, zeigt u. a. folgendes Beispiel: Drei natürliche β-Lactamasen mit nur 34-42% Sequenzidentität wurden rekombiniert. Solch hohe Sequenzunterschiede resultieren häufig in einer Vielzahl ungefalteter Proteine. Die SCHEMA-assistierte Rekombination an sieben Stellen im Protein brachte 6561 Chimären, die sich von ihren nächsten Eltern durchschnittlich an 66 Positionen unterschieden. Von 553 analysierten Proteinen zeigte eine beeindruckende Zahl von 111 β-Lactamaseaktivität[63]. Dieser generierte Pool stellt eine Quelle für neue Enzyme mit neuen Eigenschaften dar.

Ein weiteres Beispiel semirationaler gerichteter Evolution bildet ProSAR (*protein sequence activity relationships*). In den bisher genannten Beispielen wurden rationale Ansätze getätigt, um bestimmte Positionen im Protein zu identifizieren, an denen es sich lohnt, eine Diversität zu schaffen, die nachfolgend durchmustert werden muss. Bei ProSAR handelt es sich um ein lernendes System, das Resultate der gerichteten Evolution auswertet und Vorhersagen für weitere Experimente erlaubt. Ein Algorithmus erlaubt die Berechnung des Einflusses auf die Aktivität jeder einzelnen Mutation, unabhängig davon wie viele Mutationen das Gen trägt. Auf diese Weise können Mutationen in Genen identifiziert werden, die die Aktivität verbessern, obwohl das Protein möglicherweise eine geringere Aktivität hat als der Wildtyp. Durch Anwendung dieser Methode auf eine Halohydrindehalogenase konnte deren volumetrische Produktivität für die Synthese einer Vorstufe von Lipitor™, eines Cholesterinspiegelsenkenden Medikamentes, 4.000-fach gesteigert werden[64].

Diese Beispiele demonstrieren, dass gerichtete Evolution längst nicht mehr nur eine „naive" Zufallsmutagenese, gefolgt von Screening/Selektion, ist. Moderne Techniken, wie Durchflusszytometrie, erlauben die Durchmusterung von riesigen Mutantenbibliotheken und clevere Computerprogramme sowie der Zugang zu tausenden Proteinsequenzen und -strukturen die Herstellung hochqualitativer Proteinbibliotheken. Sie untermalen eindrucksvoll die Möglichkeiten semirationaler, gerichteter Evolution und begründen den eingangs erwähnten Trend innerhalb des Protein-Engineerings.

1.1.2 Rationales Proteindesign

Methoden
Trotz des wachsenden Anteils rationaler Methoden zur Optimierung der gerichteten Evolution, basiert diese Technologie auf dem Zufall. Aminosäuren oder ganze Segmente

werden mehr oder weniger zufällig substituiert, in der Hoffnung, dass sich unter den kreierten Kandidaten einer mit verbesserten Eigenschaften befindet. Die wachsende Datenvielfalt und die sich verbessernden Möglichkeiten der Computertechnik erlauben neben der Vereinfachung evolutiver Methoden auch rein rationale Ansätze zur Herstellung maßgeschneiderter Enzyme. In diesem Kapitel sollen kurz die wichtigsten an ausgewählten Beispielen vorgestellt werden.

Eine sehr weit verbreitete Methode des rationalen Proteindesigns ist die Simulation von Übergangszuständen (*transition states*). Die Wirkungsweise von Enzymen basiert auf einer Minimierung der Aktivierungsenergie durch Bildung eines Übergangszustandes. Dieser Zustand ist essentiell für den Ablauf der Katalyse, welchen Wissenschaftler am Computer simulieren. Dabei wird ein Substrat in die Struktur des zu untersuchenden Proteins modelliert. Anschließend wird die Energie des Substrat-Enzym-Komplexes minimiert, woraufhin zumeist eine moleküldynamische Berechnung folgt. Hierbei sollte der Übergangszustand stabil sein, um eine mögliche Katalyse zu gewährleisten. Auf diese Weise kann man untersuchen, welche Aminosäuren mit möglichen Substraten interagieren oder korrelieren. Scheib *et al.* veränderten z.B. die Regioselektivität einer *sn*1,3-regioselektiven Lipase durch Analyse und anschließender positionsgereichteter Mutagenese solcher interagierender und korrelierender Reste[65]. Sehr viel häufiger als zur Vorhersage katalytischer Eigenschaften wird diese Methode aber zu dessen Erklärung herangezogen[66, 67]. Obwohl sich die Rechenleistung der Computer in den letzten Jahren sehr verbessert hat, arbeiten die Systeme des *molecular modeling* nur mit Näherungen, um die Rechenzeit in einem vernünftigen Rahmen zu halten. Aus diesem Grund beschäftigt sich die Forschung in diesem Feld vor allem mit der Optimierung der Rechenalgorithmen[68]. Ein sehr viel versprechender Algorithmus mit scheinbar hohem Potential für das Protein-Engineering ist Rosetta. Dieses Programm wurde ursprünglich kreiert für die *ab initio* Vorhersage der Faltung eines Proteins, die es teilweise mit erstaunlicher Präzision erlaubt[69]. Komplexe Erweiterungen des Programms erlauben aber auch dessen Nutzung für das Protein-Engineering. Durch die Kombination aus Rosetta *hashing algorithm* und Rosetta *design algorithm* konnte z.B. ein Enzym hergestellt werden, dass die Kemp-Eliminierung katalysiert, eine Reaktion, für deren Katalyse kein natürlich vorkommendes Enzym bekannt ist[70]. Vereinfacht dargestellt, sucht hierbei der *hashing algorithm*[71] die Proteindatenbank nach Kandidaten ab, die eine geeignete Struktur für einen gewünschten Übergangszustand haben, während der *design algorithm*[72] die dem Übergangszustand benachbarten Regionen virtuell randomisiert und nach Kandidaten sucht, die möglichst keine interferierenden Aminosäuren haben und gleichzeitig den Übergangszustand stabilisieren. Zur Generierung der Kemp-Eliminierungs-Aktivität wurden die Gene möglicher Kandidaten synthetisiert und anschließend auf ihre Aktivität untersucht. Die Variante, mit der höchsten Aktivität wurde als Grundlage für die weitere Verbesserung via

gerichteter Evolution verwendet[70]. Dass die erfolgreiche Anwendung der Rosetta-Algorithmen für das Protein-Engineering kein Einzelfall war, konnte durch Einführung von de novo Retroaldolaseaktivität in ein Proteingerüst gezeigt werden[73].
Die bisher beschriebenen Ansätze basieren auf Computerprogrammen, die über die Berechnung der Energie bestimmter Konstellationen in einem einzelnen Enzym Vorhersagen über dessen Eigenschaften erlauben. Ein anderer Ansatz bedient sich Informationen, die aus dem Vergleich der Sequenzen oder Strukturen verwandter Proteine gewonnen werden können. Von Aminosäuresubstitutionen, die in einem bestimmten Enzym nachweislich einen bestimmten Effekt haben, kann angenommen werden, dass sie in einem nahen Verwandten einen ähnlichen Effekt haben. Zum Beispiel, hatte eine Mutation, die die Bindung eines Antagonisten in einem Hormonrezeptor beeinflusste, einen ähnlichen Effekt in anderen Hormonrezeptoren[74]. Weitere Informationen, wie die Herkunft bestimmter Enzyme können in solchen Vergleichen verarbeitet und genutzt werden. Aminosäuren, die z.B. hoch konserviert speziell in thermophilen Organismen vorkommen, könnten ein homologes Enzym aus einem mesophilen Organismus stabilisieren[75, 76]. Hierbei kann man multiple Sequenzvergleiche machen, die sich rasch mittels frei zugänglicher Internetprogramme, wie z.B. ClustalW[77], herstellen lassen. Dieses Programm erlaubt den schnellen und einfachen Vergleich von Nukleinsäure- oder Proteinsequenzen, sowie die Herstellung phylogenetischer Bäume[78]. Besser als Sequenzvergleiche ist jedoch der Vergleich von Strukturen. Aminosäuren, die im Sequenzalignment an gleicher Position auftreten, können in der Struktur sehr weit von einander entfernt sein. Dieser Fehler kann durch einen Strukturvergleich umgangen werden. Im Internet frei zugängliche Programme sind z.B. FAST[79] und iMolTalk[80]. Programme wie Rasmol, Pymol oder Yasara erlauben wiederum die Visualisierung der Ergebnisse.
Ein neu entwickeltes kommerzielles Programm, das die Herstellung riesiger Strukturbasierter Sequenzalignments erlaubt, ist 3DM, das im folgenden Kapitel näher erklärt werden soll.

3DM

3DM ist ein Computerprogramm[81], das in der Lage ist, repräsentative Sequenzvergleiche einer Protein-Superfamilie herzustellen. Das Besondere hierbei ist, dass diese Sequenzvergleiche auf Strukturdaten einiger Vertreter des Alignments basieren (*structure-based superfamily multiple sequence alignment (MSA)*). Nach Vorgabe einer oder mehrerer Proteinstrukturen, für die ein solches Alignment generiert werden sollen, sucht das System automatisiert nach verwandten Strukturen und inkorporiert sie in das Alignment. Diese werden strukturell verglichen und anhand ihrer konservierten Bereiche ein Kern (*core*) definiert, für den anschließend alle weiteren Details berechnet werden können. In diesen

1. Einleitung

core fallen alle Bereiche, deren Aminosäurerückgrat in 90% aller Vertreter nicht mehr als 2,5 Å vom Mittelwert dieser Kollektion abweicht. Je mehr Proteine in dieser Gruppe sind, desto mehr Bereiche werden aufgrund der höheren Diversität abweichen und desto kleiner wird der *core*. Es muss also ein sinnvoller Kompromiss zwischen der Menge an Proteinen und der Größe des auswertbaren *cores* getroffen werden. 3DM legt mehr Wert auf die Genauigkeit des Alignments als auf dessen Vollständigkeit. Alle berücksichtigten Strukturen bilden den ersten Vertreter einer Subfamilie. Dessen Sequenz wird gegen alle Sequenzen alignt, die eine Sequenzidentität von typischerweise 30% haben und auf diese Weise ein Subfamilien-Alignment erstellt. Nachfolgend werden die einzelnen Subfamilien, basierend auf dem eingangs durchgeführten Strukturalignment, in einem kompletten Superfamilien-Alignment vereint. Auf diese Weise wird ein riesiger Sequenzvergleich generiert (auszugsweise dargestellt in Abbildung 1.6).

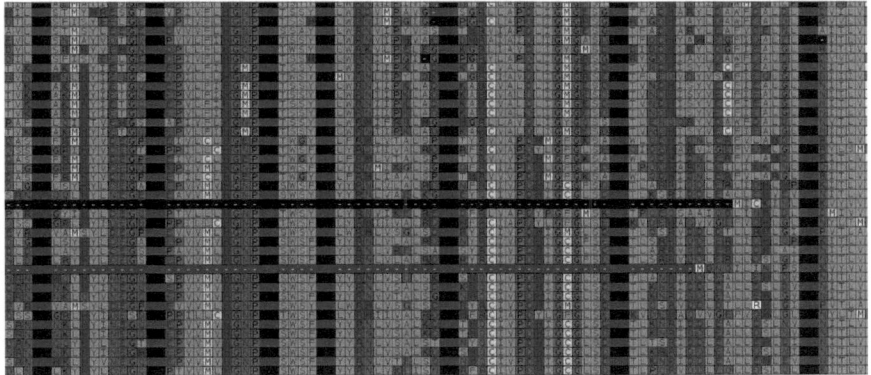

Abbildung 1.6: Ausschnitt des Alignments von 2813 Proteinen mit α/β-Hydrolasefaltung. Farbig sind Segmente, die zum *core* gehören dargestellt. Zwischen diesen Segmenten befinden sich graue Bereiche, die unterschiedlich viele Aminosäuren enthalten können, die aufgrund erhöhter struktureller Diversität nicht zum *core* gehören. Die Farbe der Aminosäure richtet sich nach deren Eigenschaften.

Von seinem am Anfang vorgegebenen Protein kann man somit von jeder Aminosäure, die sich im *core* dieses Alignments befindet, annehmen, dass sie in allen anderen beinhalteten Proteinen an der gleichen Position sitzt. Natürlich enthält das Alignment Fehler, da alle Schritte während seiner Generierung über Annahmen und Grenzwerte definiert sind, die in Einzelfällen zu falschen Resultaten führen mögen. Trotzdem sollten diese aufgrund der Größe der gewonnenen Datenvielfalt nicht ins Gewicht fallen. Die Qualität eines solchen Alignments im Vorfeld zu beurteilen, ist trotzdem schwierig. Dies kann erst durch seine Anwendung für das Protein-Engineering abgeschätzt werden.

Das System generiert ein einheitliches Nummerierungsschema für alle Positionen innerhalb des Alignments, unabhängig von der Nummerierung der Aminosäuren eines einzelnen

Proteins, das für alle Daten verwendet wird, die vom System generiert oder ausgewertet werden. Auf diese Weise wird die Sammlung und Verknüpfung von experimentellen und vom Alignment generierten Daten ermöglicht. 3DM berechnet z.b. korrelierende Aminosäuren, d.h., man kann bestimmen, welche Aminosäure sich in der gesamten Superfamilie am häufigsten an Position X befindet, wenn an Position Y die Aminosäure 1 sitzt. Weiterhin kann die Aminosäureverteilung (in %) an allen sich im *core* befindenden Positionen ermittelt werden und solche Reste identifiziert werden, die Substratkontakt haben. 3DM durchmustert außerdem die Datenbanken und fügt Informationen über Literatur-bekannte Mutationen in sein Alignment ein, erlaubt die Herstellung von Homologiemodellen von beinhalteten Sequenzen, von denen keine Struktur bekannt ist, und kann Strukturinfomationen über das Programm Yasara visualisieren[82]. Der genaue Aufbau des Programms sowie verschiedene Anwendungsmöglichkeiten sind in einem Review zusammengefasst.

1.1.3 Ausgewählte Enzymeigenschaften als Ziel des Protein-Engineerings

Wie bereits oben erwähnt, ermöglicht das moderne Protein-Engineering Enzyme, aber auch Antikörper, effektiv in ihren Eigenschaften zu modifizieren. Beinahe jede Enzymeigenschaft wurde bereits von Wissenschaftlern erfolgreich verändert und an die jeweiligen Anforderungen an das Enzym angepasst. Beispiele sind die katalytische Effizienz[36], die Thermo-[33], Lösungsmittel-[35], und pH-Stabilität[34], die Substratspezifität[19] und die Enantioselektivität[37]. Weiterhin konnten promiskuitive Aktivitäten erhöht werden[83] und sogar komplett neue Aktivitäten in Proteingerüsten generiert werden[38]. In den drei folgenden Kapiteln sollen, aufgrund ihrer Relevanz für diese Arbeit, drei dieser möglichen Ziele für das Protein-Engineering näher erläutert werden. Im ersten Beispiel handelt es sich um die Evolution promiskuitiver bzw. dem Design von *de novo* Enzymaktivitäten zum Verständnis, wie Enzyme funktionieren, wie sie sich entwickelt haben und zur Generierung neuer Enzymquellen für die Biokatalyse. Anschließend folgen Kapitel zur Thermostabilisierung von Proteinen und zur Modifikation ihrer Enantioselektivität.

1.1.3.1 Erhöhung katalytischer Promiskuität und Generierung künstlich erzeugter Enzymaktivität

Viele Enzyme katalysieren alternative Reaktionen, die sehr verschieden von ihrer biologischen Funktion sind. Für diese alternative Reaktion, die sie zumeist mit sehr viel geringerer Effizienz katalysieren, gibt es natürliche Enzyme, die dies sehr effektiv tun. Man nimmt an, dass solch promiskuitives Verhalten Startpunkt für die Diversifikation der Enzyme ist. Durch Genduplikation, gefolgt von Evolution der promiskuitiven Aktivität, könnten sich so neue, effiziente Biokatalysatoren entwickelt haben[84]. Diese Annahme nährt den Ehrgeiz der Wissenschaft, die Evolution im Reagenzglas zu kopieren und auf diese Weise ebenfalls neue, effiziente Biokatalysatoren mit neuen Eigenschaften herzustellen. Ein anderer Ansatz zur Generierung neuer, maßgeschneiderter Enzyme, der allerdings noch in seinen Anfängen steckt, ist das *de novo* Design von Enzymaktivitäten. Hierbei versucht man, ausgehend von einem Aminosäuregerüst ohne die gewünschte Aktivität, diese darin zu generieren. Dieser Ansatz erscheint schwieriger, da alle für den Reaktionsmechanismus essentiellen Bedingungen geschaffen werden müssen, auch wenn diese nicht immer klar ersichtlich sind. Bei der Evolution promiskuitiver Aktivitäten sind diese Bedingungen, wenn auch nicht optimal, schon vorhanden.

Erhöhung katalytischer Promiskuität

Die meisten promiskuitiven Enzymaktivitäten sind sehr ineffizient, verglichen mit Primäraktivitäten gleichen Typs. Daher kommt es bisher nur selten zur Ausnutzung dieser Eigenschaft in chemischen Prozessen. Eine Ausnahme bildet die Pyruvatdecarboxylase aus *Zymomonas mobilis*. Diese katalysiert neben der Decarboxylierung von Pyruvat auch die Acyloinkondensation von Acetaldehyd und Benzaldehyd, was noch heute zur Produktion von Pseudoephedrin ausgenutzt wird (Abbildung 1.7).

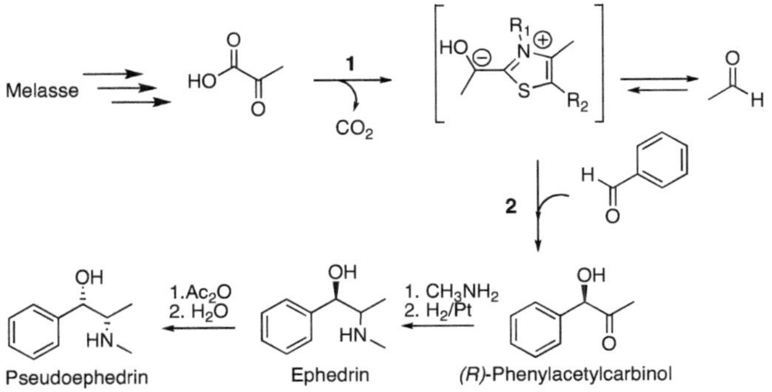

Abbildung 1.7: Syntheseweg zur Herstellung von Pseudoephedrin aus Melasse und Benzaldehyd unter Ausnutzung der promiskuitiven Lyaseaktivität der Pyruvatdecarboxylase (PDC). **1**: Natürliche Aktivität der PDC; **2**: Promiskuitive Aktivität der PDC (modifiziert nach Stürmer & Breuer[85] und nach Bornscheuer & Kazlauskas[86]).

Erst kürzlich beschrieben Babtie *et al.* eine weitere sehr effiziente katalytische Promiskuität[87]. Hierbei katalysiert eine Arylsulfatase aus *Pseudomonase aeruginosa* neben dieser Reaktion auch die Hydrolyse von Phosphodiestern. Obwohl viele Experimente darauf

1. Einleitung

hinweisen, dass die natürliche Reaktion die Sulfatesterhydrolyse ist, ist die Phosphodiesteraseaktivität von vergleichbarer Effizienz. Dieses Verhalten überrascht und stellt die Idee der Spezialisierung in Frage.

Diese beiden genannten Beispiele sind jedoch eher die Ausnahme. Bei den meisten beschriebenen Beispielen ist die promiskuitive Aktivität deutlich geringer als die für die Katalyse der natürlichen Reaktion[84, 88]. Aus diesem Grund besteht meist die Notwendigkeit, die promiskuitive, katalytische Aktivität durch Methoden des Protein-Engineerings zu erhöhen.

Die *Candida antartica* Lipase B stellt eines der bedeutendsten Enzyme in der Biokatalyse dar. Gründe dafür sind ihre geringe Substratspezifität, teilweise hohe Enantioselektivität und relativ hohe Stabilität, auch in organischen Lösungsmitteln. Neben der Hydrolyse von Estern katalysiert sie jedoch ebenfalls die Aldolkondensation von Aceton und Acetaldeyd, wenn auch nicht sehr effizient. Durch die Substitution des katalytischen Nukleophils durch ein unpolares Alanin konnte die Aldolaseaktivität 4-fach gesteigert werden[89]. Betrachtet man in Abbildung 1.8 die Abzisse, fällt auf, dass diese Reaktion über einen Zeitraum von 1.400 Stunden (entspricht zwei Monaten) verfolgt wurde. Die Wechselzahl lag hierbei bei 65 d^{-1}. Dieses Beispiel verdeutlicht eindrucksvoll, wie langsam promiskuitive Enzyme ihre Sekundärreaktion katalysieren können. Weiterhin wird angedeutet, wie schwierig es sein könnte, solche Nebenaktivitäten überhaupt zu entdecken und lässt vermuten, dass viele solcher Aktivitäten in bekannten Enzymen noch unentdeckt sind.

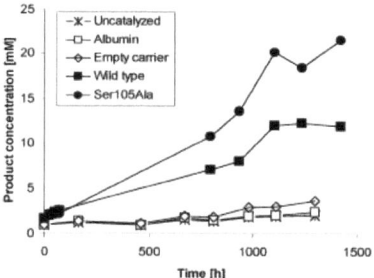

Abbildung 1.8: Zeitverlauf der Aldolkondensation von Aceton und Acetaldehyd, katalysiert durch die *Candida antartica* Lipase B und deren Ser105Ala-Mutante. Als Kontrollen dienten die unkatalysierte Reaktion mit und ohne Trägermaterial zur Immobilisierung, sowie die Albumin-katalysierte Reaktion[89].

Bemerkenswerterweise konnte weiterhin gezeigt werden, dass dieselbe Mutante auch die Michael-Addition, einer Bindungsbildung zwischen einem Nukleophil und einer α/β-ungesättigten Verbindung, katalysiert. Dies tut sie im Gegensatz zu erstgenannter Reaktion in Abhängigkeit vom Substrat sehr effizient (Wechselzahl = 4000 s^{-1}, 36 x schneller als Wildtyp)[90, 91].

Ein ähnlicher Ansatz wurde zur Herstellung von Oligosacchariden verwendet[92]. Diese werden normalerweise über enzymatische Verfahren mittels Glycosyltransferasen synthetisiert. Teure Ausgangsstoffe und eine nur geringe Zahl an zur Verfügung stehenden Biokatalysatoren nährt aber die Suche nach Alternativen. β-Glycosidasen katalysieren in ihrer natürlichen Reaktion die Hydrolyse von β-D-Glucosiden. Eine Variante der *Agrobacterium sp.* β-Glycosidase, deren katalytisches Nukleophil durch ein Alanin ersetzt worden war, katalysierte dagegen die Synthese solcher Oligosacchararide, wenn ein aktivierter Zucker als Substrat verwendet wurde. Durch das Fehlen des Nukleophils war das Enzym nicht mehr in der Lage, dessen Hydrolyse zu beschleunigen und erlaubte die Synthese einer ganzen Reihe verschiedener Oligosacchararide mit oft ganz bemerkenswerter Ausbeute[93]. Durch die Substitution des genannten Alanins durch ein Serin konnte die katalytische Effizienz (k_{cat}/K_M) des Enzyms sogar noch 24-fach verbessert sowie dessen Substratspektrum erweitert werden, so dass es sogar möglich war, auch Thioglucoside herzustellen[94, 95].

Weitere Beispiele für die Erhöhung promiskuitiver Aktivität durch rationales Proteindesign liefern die 6,6-fache Transaminaseaktivität der *Bacillus stearothermophilus* Alanin-Racemase[96] und die 19-fache Erhöhung der katalytischen Effizienz einer *N*-Acetylneuraminat-Lyase in ihrer Dihydrodipicolinat-Synthase-Aktivität[83]. Im ersten Beispiel mussten zwei Aminosäuren im aktiven Zentrum mutiert werden, im zweiten genügte eine.

Eine sehr beeindruckende Verbesserung der katalytischen Effizienz einer promiskuitiven Aktivität gelang Seebeck und Hilvert. Eine einzelne Mutation im aktiven Zentrum einer Pyridoxalphosphat-abhängigen Racemase reichte für eine $2,3 \times 10^5$-fache Steigerung von k_{cat}/K_M für eine im Wildtyp sekundär auftretende Aldolaseaktivität[97].

Eine Arbeit von Fujii *et al.* zeigt, dass katalytische Promiskuitäten auch mittels gerichteter Evolution verbessert werden können. Nach Zufallsmutagenese einer *Pseudomonas aeruginosa* Lipase konnten Varianten gefunden werden, die eine doppelt so hohe Amidaseaktivität zeigten wie der Wildtyp[98].

De novo Design von Enzymaktivitäten

Eine große Herausforderung im Wissenschaftsfeld des Protein-Engineerings ist das *de novo* Design von Enzymaktivitäten. Diese Art der Forschung ist momentan nur wenig anwendungsorientiert, da bisher nur einzelne erfolgreiche Beispiele bekannt sind, die noch keine generellen Schlussfolgerungen zulassen, wie man zuverlässig neue Aktivitäten generiert. Der Grund für die intensive Forschung auf diesem Gebiet, liegt an der Vision, die dahinter steht: Man könnte eines Tages Enzyme herstellen, die jede beliebige Reaktion effektiv katalysieren. Wie oben bereits kurz erwähnt, wurde 2008, unter Zuhilfenahme von

1. Einleitung

Rosetta, ein Enzym *de novo* generiert, das in der Lage ist, die Kemp-Eliminierung zu katalysieren (Abbildung 1.9)[70].

$$O_2N\text{-benzisoxazole} \longrightarrow O_2N\text{-CN, OH}$$

Abbildung 1.9: Reaktionsgleichung einer Kemp-Eliminierung als Modellreaktion.

Für die Katalyse dieser Reaktion ist nach wie vor kein natürlich vorkommendes Enzym bekannt. Nach erfolgreicher Einführung einer Grundaktivität (k_{cat}/K_M = 12 M^{-1} s^{-1}) konnte diese auf beeindruckende Art und Weise durch sieben Runden *ep*PCR und DNA-*shuffling* 200-fach gesteigert werden (k_{cat}/K_M = 2590 M^{-1} s^{-1}). Auch die Generierung von Retroaldolaseaktivität in einem Proteingerüst gelang unter Zuhilfenahme desselben Computerprogramms. Diese lag jedoch mit einem k_{cat}/K_M von 0,74 M^{-1} s^{-1} noch weit unter dem erstgenannten. Trotzdem kann auch dieses Enzym ein Ausgangspunkt für die gerichtete Evolution sein, um einen effektiveren Biokatalysator zu generieren[73].

Xiang *et al.* gelang es 1999 eine 4-Chlorbenzoyl-CoA-Dehalogenase in eine Crotonase umzuwandeln. Beide Enzyme gehören zur 2-Enoyl-CoA-Hydratase/Isomerase-Superfamilie und sind strukturell sehr ähnlich. Durch den Vergleich von Strukturen und Sequenzen konnten zwei Glutaminsäurereste identifiziert werden, die in Crotonasen einen Säure/Base-Mechanismus ermöglichen und in der 4-Chlorbenzoyl-CoA-Dehalogenase an diesen Positionen fehlen. Nach Substitution zweier Reste durch diese Aminosäuren zeigte das Enzym eine neu generierte Crotonaseaktivität (k_{cat}/K_M = 1.200 M^{-1} s^{-1}). Auch bei dieser Arbeit handelt es sich streng genommen um ein *de novo* Design enzymatischer Aktivität, da das Wildtypprotein keinerlei Crotonaseaktivität zeigte[99]. Durch das Bekanntwerden von immer mehr Sequenzen und Strukturen wird auch das Einfügen neuer Aktivitäten in bekannte, verwandte Proteingerüste vereinfacht. Sequenz- und Strukturvergleiche können Schlüsselaminosäuren für Reaktionsmechanismen identifizieren, die nachfolgend mittels positionsgerichteter Mutagenese in andere homologe Proteingerüste eingefügt werden. Auf diese Weise könnten in Zukunft weitere Biokatalysatoren mit neuen Eigenschaften generiert werden. Der Vergleich mit verwandten Enzymen stellt also neben dem *molecular modeling* ein weiteres effektives Werkzeug zur Neugenerierung von Enzymaktivitäten dar.

Eine weitere Arbeit, die auf strukturellen Vergleichen in Kombination mit gerichteter Evolution beruht, ist das *de novo* Design von β-Lactamaseaktivität in die Glyoxalase II. Der Vergleich beider Enzyme identifizierte große Unterschiede zwischen den Loops im aktiven Zentrum. Durch Insertion, Deletion und Substitution dieser Loops, gefolgt von einigen Punktmutationen, konnte die gewünschte Aktivität generiert werden. Die Vorgehensweise ist in Abbildung 1.10 dargestellt. In einem ersten Schritt wurde der C-Terminus der Glyoxylase II deletiert. Daraufhin folgte der Austausch von Aminosäuren, die an der Katalyse beteiligt sind.

1. Einleitung

In einem letzten Schritt wurden diverse, teilweise randomisierte, Loops eingefügt, die an der Substratbindung beteiligt sind. Die Mutantenbibliothek wurde auf Cefotaxamin enthaltenden Agarplatte selektiert. Die beste Variante hatte hierbei eine katalytische Effizienz von 180 M^{-1} s^{-1} und resultierte in einer 100-fach gesteigerten Antibiotikaresistenz[100].

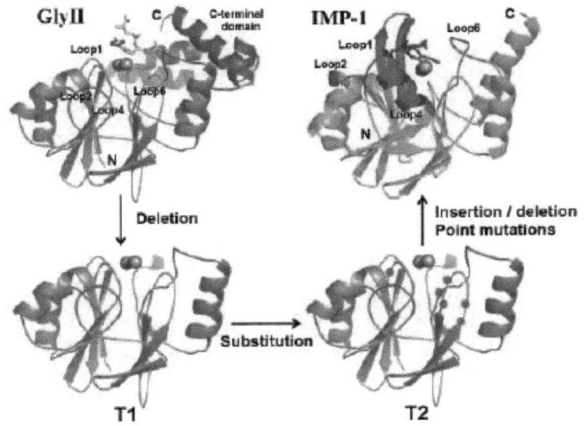

Abbildung 1.10: Vorgehensweise zur Generierung von β-Lactamaseaktivität in die Glyoxolase II (Gly II). In einem ersten Schritt wurde deren C-Terminus (blau) deletiert. Im zweiten Schritt wurden katalytisch essentielle Aminosäuren eingefügt (grüne Punkte) und in einem dritten Schritt Loops im aktiven Zentrum auf Basis der Struktur einer Metallo-β-Lactamase (IMP-1) insertiert, deletiert, substituiert und randomisiert (Loops der Gly II in T2 blau dargestellt; Loops in IMP-1 rot dargestellt)[100]. Die Abbildung entstammt der zitierten Publikation[100].

Dieses Beispiel zeigt, wie rationales Proteindesign und gerichtete Evolution geschickt kombiniert eingesetzt werden können, um neue Aktivitäten zu generieren. Ein Beispiel, das nur auf der gerichteten Evolution basiert, ist das oben beschriebene *de novo* Design von RNA-Ligaseaktivität[38].

In einem letzten Beispiel soll gezeigt werden, wie Aktivität buchstäblich in ein Protein integriert werden kann. Das Beispiel unterscheidet sich von den bisher genannten dahingehend, dass die Reaktion nicht tatsächlich vom Enzym katalysiert wird, sondern von einem Metallion, das auch bereits ohne proteinogene Umgebung aktiv ist. Durch Einführung eines solchen Metallions in ein Proteingerüst ist es möglich, der Reaktion eine sterische Information zu geben und damit Reaktionen enantioselektiv durchführen zu lassen, die ohne Protein unselektiv ablaufen. Während Vanadiumionen allein die Oxidation verschiedener Sulfide unselektiv katalysieren, läuft die Reaktion hingegen sehr selektiv ab (ee$_P$ bis zu 93%), wenn es in die Tasche eines Streptavidinmoleküls eingelagert ist[101]. Unter anderem

1. Einleitung

gelang auch die stereoselektive Reduktion verschiedener Ketone unter Ausnutzung dieses Prinzips, wobei hier Rutheniumionen in Streptavidin inkorporiert wurden[102].

Tabelle 1.2: Einige Literaturbeispiele für die Generierung von *de novo* Aktivität in Proteingerüsten bzw. für die Erhöhung katalytischer Aktivität.

Protein	Aktivität	De novo Design	Katalytische Promiskuität	Rationales Proteindesign	Gerichtete Evolution	Literatur
Lipase	Aldolase		X	X		[89]
Lipase	Michael-Addition		X	X		[90, 91]
β-Glycosidase	Glycosynthase		X	X		[92-95]
Alanin-Racemase	Transaminase		X	X		[96]
N-Acetyl-neuraminat-Lyase	Dihydropicolinat-Synthase		X	X		[83]
Racemase	Aldolase		X	X		[97]
Lipase	Amidase		X		X	[98]
TIM-barrel	Kemp-Eliminierung	X		X		[70]
TIM-barrel und jelly roll folds	Retroaldolase	X		X		[73]
4 α-Helices	Protease	X		X		[103]
4-Chlorbenzoyl-CoA-Dehalogenase	Crotonase	X		X		[99]
Glyoxalase	β-Lactamase	X		X		[100]
Zinkfinger-Protein	RNA-Ligase	X			X	[38]
Streptavidin	Sulfoxidase	X		X		[101, 102]

Diese Zusammenstellung (Tabelle 1.2) gibt einen kurzen Überblick, was bisher im Bereich des *de novo* Designs von Enzymaktivitäten erreicht wurde. Die generierten Aktivitäten sind zumeist sehr gering und daher weit entfernt von praktischen Anwendungen, aber sie stellen Ausgangspunkte für weiteres Protein-Engineering zur Erzeugung effizienterer Biokatalysatoren dar. Nicht zuletzt liefern die genannten Beispiele Beweise dafür, dass die Generierung artifizieller Aktivitäten prinzipiell überhaupt möglich ist und rechtfertigen damit die intensive Forschung auf diesem Gebiet.

1.1.3.2 Thermostabilisierung von Enzymen

Enzyme sind oft sehr gute Katalysatoren, aber aufgrund ihrer häufig geringen Stabilität unattraktiv für chemische Prozesse. Wie auch bei anderen Enzymeigenschaften gibt es drei wesentliche Ansätze des Protein-Engineerings zur Verbesserung der Thermostabilität: (1.) Das rationale Design, das auf der dreidimensionalen Struktur sowie dem Reaktionsmechanismus basiert; (2.) Gerichtete Evolution, die auf der Generierung einer genetischen Diversität, gefolgt von Hochdurchsatzscreening, beruht; und (3.) Sequenz- und Strukturvergleiche mit verwandten Proteinen[104].

Ausschließlich rationale Ansätze zur Erhöhung der Thermostabilität sind selten. Vielmehr testen die Systeme *in silico* potentielle Varianten und sagen auf diese Weise die möglicherweise besten Mutationen zur Stabilisierung voraus. Es wird also mehr oder weniger eine gerichtete Evolution im Computer simuliert. Hierbei fokussieren die Programme eine optimale Struktur des Proteinkerns[105, 106] oder elektrostatische Interaktionen auf der Oberfläche[107].

Weitaus verbreiteter ist die Anwendung gerichteter Evolution zur Stabilisierung von Proteinen. Es wurde lange angenommen, dass eine erhöhte Stabilität zu Lasten der spezifischen Aktivität von Enzymen geht. Diese Annahme konnte jedoch inzwischen widerlegt werden. Eine Variante der Phosphitdehalogenase aus *Pseudomonas stutzeri* mit 12 Mutationen wurde nach drei Runden Zufallsmutagenese mit anschließendem Hochdurchsatzscreening identifiziert. Obwohl deren Schmelzpunkt 20°C höher lag als der des Wildtyps, zeigten die Mutanten ebenfalls eine höhere spezifische Aktivität als das Ausgangsenzym[108]. Dass stabilisierende Mutationen indirekt sogar zur Erhöhung der Aktivität gegenüber neuen Substraten beitragen können, wenn diese mit destabilisierenden Mutationen im aktiven Zentrum kombiniert werden, wurde bereits oben anhand der Beispiele zur neutralen, genetischen Drift beleuchtet. Neben diesen Beispielen sind eine Reihe weiterer Arbeiten beschrieben, die über *ep*PCR oder DNA-*shuffling*, gefolgt von einem Screening im Mikrotiterplattenformat, die Thermostabilität von Enzymen beeinflussen. Dieses Vorgehen stellte bisher die Methode der Wahl zur Stabilisierung von Enzymen dar[109, 110].

Selektionssysteme zur Änderung dieser Eigenschaft gibt es nach wie vor nur sehr wenige, da das Protein üblicherweise eine Hitzebehandlung erfährt, um Varianten identifizieren zu können, die stabiler sind als der Wildtyp. Eine Hitzebehandlung hätte aber unweigerlich auch Auswirkungen auf den Wirtsorganismus. Thermophile Organismen, wie *Thermus thermophilus*, bilden eine gute Alternative zur Expression der Mutantenbibliothek und konnten bereits erfolgreich zur Selektion thermostabilerer Enzyme genutzt werden[111]. Ein weiteres Selektionssystem, das die Hitzebehandlung umgeht, setzt auf die Hypothese, dass die Proteinintegrität generell mit der Thermostabilität korreliert. Demnach sind Mutationen, die die korrekte Faltung des Proteins positiv beeinflussen, auch positiv für die

Thermostabilität. Hecky et al. generierten eine β-Lactamase, deren C-Terminus gekürzt wurde, sodass dieses Enzym nicht mehr löslich exprimiert werden konnte. Daraufhin wurde gerichtete Evolution angewandt, um die Aktivität des gekürzten Enzyms wieder herzustellen. Nach drei Runden Zufallsmutagenese und DNA-*shuffling* mit nachfolgender Selektion auf Agarplatten mit steigender Antibiotikakonzentration konnten eine Reihe aktiv exprimierter Mutanten isoliert werden. Nach Anknüpfen des ursprünglichen C-Terminus an diese Variante zeigte die beste Mutante einen Schmelzpunkt, der 20°C höher lag, als der des Wildtyps und ein signifikant verschobenes Temperaturoptimum[112].

Wie oben bereits beschrieben, gibt es auch hier den Trend von großen Bibliotheken zufälliger Diversität hin zu kleineren Bibliotheken mit einer mehr gezielten Diversität. Aufgrund strukturbasierter Informationen werden nicht mehr das komplette Gen, sondern nur ausgewählte Bereiche einer Mutagenese unterzogen. Auf diese Weise wird der Screeningaufwand verkleinert und die Wahrscheinlichkeit, eine Variante mit besseren Eigenschaften (hier: Thermostabilität) zu finden, erhöht.

Eine Strategie bedient sich Informationen, die mittels Zufallsmutagenese generiert wurden. Wurden in einem solchen Ansatz Positionen identifiziert, die einen Einfluss auf die Stabilität haben, kann in einer folgenden Sättigungsmutagenese die optimale Aminosäure an diesen Positionen bestimmt und inkorporiert werden. Strausberg et al. identifizierten über Zufallsmutagenese 12 Positionen, die sich positiv auf die Stabilität von Subtilisin E auswirken[113]. In aufeinander folgenden Zyklen wurden diese 12 Positionen mit allen 20 Aminosäuren gesättigt und die Bibliothek auf erhöhte Thermostabilität durchsucht. Die jeweils beste Variante diente als Templat für die nächste Runde. Dabei wurden nur 12 x 20 = 240 Varianten untersucht. Das Resultat war eine Mutante mit einer 15.000-fach erhöhten Halbwertszeit[114].

Ein ähnlicher Ansatz ist das bereits beschriebene B-FIT[54]. Hierbei handelt es sich ebenfalls um aufeinander folgende Sättigungsmutagenesen, wobei jeweils die beste Variante einer Runde als Templat für die nächste Runde fungiert. Der Unterschied hierbei ist, dass das Ziel jeder Sättigungsmutagenese nicht unbedingt nur eine Aminosäure sein muss, sondern auch mehrere gleichzeitig randomisiert werden können. Der Grund dafür ist, dass kooperative Effekte zwischen benachbarten Aminosäuren relativ wahrscheinlich sind und die optimale Konstellation nur auf diese Weise identifiziert werden kann. Ein weiterer wichtiger Unterschied liegt in der Bestimmung der zu mutierenden Positionen. Beim B-FIT ist man nicht auf empirische Informationen angewiesen, sondern kann ausschließlich anhand der Kristallstruktur Ziele ausmachen. Hierbei bedient man sich des B-Faktors. Für jede Aminosäure in einer Kristallstruktur ist der jeweilige B-Faktor in der pdb-Datei angegeben. Dieser Faktor kann als ein Maß für die Flexibilität einer Aminosäure aufgrund thermischer Bewegung angesehen werden. Die Position jedes Restes in einer Proteinstruktur stellt nur ein Mittelwert aller Positionen dar. Diese erscheinen als eine Unschärfe um diesen Mittelwert. Der B-Faktor gibt also die Größe dieser Unschärfe an. Je flexibler eine Aminosäure ist, desto größer ist ihre Unschärfe um den Mittelwert und desto größer ist ihr B-Faktor. Da diese Flexibilität und damit strukturelle Unordnung auf eine thermische Bewegung zurückzuführen ist, liegt es nahe, eine strukturelle Ordnung durch Unterbindung flexibler Reste herbeizuführen. Beim B-FIT werden solche Reste mittels des Computerprogramms B-Fitter aus der pdb-Datei extrahiert und geordnet[115]. Nachfolgend werden die Positionen in iterativen Zyklen gesättigt, wobei, wie bereits erwähnt, jeweils die beste Variante jedes Zyklus als Templat für den nächsten verwendet wird. Reetz et al. gelang hierbei die Stabilisierung der Bacillus subtilis Lipase A, wobei der T_{50}^{60}-Wert der besten Mutante 45°C höher lag als der des Wildtyps, ohne Einfluss auf die katalytische Effizienz oder Enantioselektivität zu haben[54]. Der T_{50}^{60}-Wert gibt an, bei welcher Temperatur ein Protein nach einer Stunde Hitzeinaktivierung noch 50% seiner Aktivität hat.

Durch die Generierung von immer mehr Proteinsequenz und -strukturdaten ist es möglich, einen stabilisierenden Effekt auch über einen Vergleich mit verwandten Proteinen zu bewirken. Der Konsensus-Ansatz setzt voraus, dass Aminosäuren, die sehr häufig an derselben Position in einem Sequenz- oder Strukturalignment vorkommen, eine stabilisierende Wirkung haben. Durch den Vergleich eines Zielproteins mit verwandten Enzymen, können hierbei Positionen identifiziert werden, die seltenere Aminosäuren an bestimmten Positionen tragen. Eine Mutation zur Konsensus-Aminosäure, also der Aminosäure, die an dieser Position am häufigsten im Alignment vorkommt, bewirkt dabei eine Thermostabilisierung des Proteins. Die Basis dieser Annahme ist, dass sich verwandte Enzyme ausgehend von einem gemeinsamen Vorfahren entwickelt haben. Bei diesem lag der Primärfokus auf der Stabilität. Während der Evolution entwickelten sich divergent die verschiedenen Proteine innerhalb einer Superfamilie, wobei zur Generierung der verschiedenen Aktivitäten und Selektivitäten, destabilisierende Mutationen inkorporiert wurden. Die Rückmutation einzelner Reste in Richtung dieses Vorfahrens sollte daher eine Stabilisierung bewirken. Mit Hilfe der Sequenzen von 19 Phytasen wurde beispielsweise eine solche Konsensus-Sequenz bestimmt und das Gen synthetisiert. Die Schmelztemperatur lag bei diesem Enzym 21°C höher als bei dem stabilsten im Alignment vertretenen Enzym[116].

Eine ähnliche Herangehensweise wurde zur Stabilisierung einer β-Lactamase aus Enterobacter cloacae verwendet. Hierbei wurden die Aminosäuresequenzen von 38 homologen Enzymen verglichen und 29 Positionen identifiziert, an welchen die Sequenz des Zielproteins von der Konsensus-Sequenz abwich. Durch Verwendung von mutagenen Primern, wurden diese Konsensus-Aminosäuren zufällig kombiniert. Von 90 untersuchten Varianten zeigten 15 eine signifikant höhere Thermostabilität als der Wildtyp. Die Mutationen wurden weiterhin systematisch auf ihre stabilisierende oder destabilisierende Wirkung untersucht

und solche mit stabilisierendem Effekt kombiniert. Die beste Mutante hatte einen Schmelzpunkt, der 9,1°C höher lag als der des Wildtyps[117].
Beide genannten Beispiele basieren auf Sequenzvergleichen. Durch immer mehr zugängliche Proteinstrukturen kann dieser Ansatz aber auch erfolgreich mit Hilfe von Strukturalignments durchgeführt werden und gewährleistet damit eine noch genauere Bestimmung der Konsensus-Sequenz[118].

1.1.3.3 Enantioselektivität

Die Enantioselektivität von Enzymen ist einer der wichtigsten Vorteile von Enzymen gegenüber chemischen Katalysatoren. Durch den in eine dreidimensionale Matrix eingelagerten Reaktionsort, ist oft nur ein Enantiomer in der Lage so zu binden, dass eine Reaktion stattfinden kann und bedingt damit die Stereoselektivität oder -spezifität. Aufgrund dieses Potentials von Enzymen besteht ein großes Interesse auf Seiten der pharmazeutischen Industrie. Von einigen chiralen Wirkstoffen ist bekannt, dass nur eines seiner Enantiomere eine positive klinische Wirkung hat. Durch die Herstellung und Verabreichung der enantiomerenreinen Substanz anstelle des Racemates können also sowohl die nötige Dosis und damit die Nebenwirkungen als auch die Kosten der Herstellung halbiert werden. Im schlimmsten Fall hat das überflüssige Enantiomer sogar negative Auswirkungen auf den Organismus. Bekanntestes Beispiel hierfür ist Thalidomid, besser bekannt als Contergan.
In dieser Arbeit wurden in anderen Zusammenhängen bereits einige Beispiele beschrieben, in welchen die Enantioselektivität von Enzymen mittels Protein-Engineering verändert wurden. Diese Beispiele sind noch einmal in Tabelle 1.3 zusammengefasst.
Tabelle 1.3 zeigt, dass zur Veränderung der Enantioselektivität vor allem die Sättigungsmutagenese eingesetzt wird. Auf diese Weise kann man, wie bereits erwähnt, eine gerichtete Diversität an einer Position herstellen, die wahrscheinlich die Substratbindung und/oder -umsetzung beeinflusst. Kristallstrukturen und Homologiemodelle erlauben die Vorhersage solcher Positionen, womit der Arbeits- und Zeitaufwand der Durchmusterung von Proteinbibliotheken verringert wird.
Ein weiteres interessantes Beispiel zur Veränderung der Enantioselektivität liefert die Arbeit von Qian et al.[119] Im Gegensatz zu allen bisher genannten Beispielen des Protein-Engineerings wurden hierbei keine Aminosäureaustausche zur Herstellung der Proteinbibliothek durchgeführt und trotzdem eine Verbesserung des E-Wertes erreicht. Bei der *Circular permutation* werden der natürliche C- und N-Terminus eines Proteins verknüpft und jeder mögliche alternative C- und N-Terminus hergestellt. Im erwähnten Beispiel wurde diese Methode auf die *Candida antarctica* Lipase B angewandt und die hergestellte Bibliothek auf Aktivität und Enantioselektivität durchmustert. Es konnten nicht nur Varianten gefunden

werden, die eine deutlich höhere katalytische Effizienz als der Wildtyp gegen einige Substrate zeigen, sondern ebenfalls solche mit einer verbesserten Enantioselektivität. Beispielsweise erhöhte sich der E-Wert für die Veresterung von Flurbiprofen und *n*-Propanol von 25 auf 40.

Tabelle 1.3: Zusammenstellung von Literaturbeispielen zur Manipulation des E-Wertes.

Enzym	Mutagenese/Durchmusterung	Modifikation	Literatur
Esterase	epPCR, Sättigungsmutagenese/ *in vitro* selection	Erhöhung des E-Wertes von 1,1 auf 10	[42]
Old yellow enzyme	Sättigungsmutategese/ Screening	Umkehr der Stereoselektivität	[50]
Esterase	Sättigungsmutagenese/ Screening	Umkehr der Stereoselektivität	[51]
Epoxidhydrolase	epPCR/Screening	Erhöhung des E-Wertes von 4,5 auf 11	[56]
Epoxidhydrolase	CASTing/Screening	Erhöhung des E-Wertes von 4,5 auf 115	[55]
Esterase	epPCR	Erhöhung des E-Wertes auf > 100	[37]

1.2 Enzyme mit α/β-Hydrolasefaltung

Es gibt zwei Modelle in der Evolutionsbiologie, die sich auch auf die Entwicklung der Enzyme anwenden lassen. Während der konvergenten Evolution entwickelten sich auf unterschiedliche Weise, ausgehend von unterschiedlichen Vorfahren, ähnliche Phänotypen. So entwickelten sich z.b. Trypsin[120] und Subtilisin[121], beides Serinproteasen, ausgehend von unterschiedlichen Vorfahren und zeigen daher eine komplett unterschiedliche Proteinfaltung. Während der divergenten Evolution hingegen entwickelten sich unterschiedliche Phänotypen, ausgehend von einem gemeinsamen Vorfahren. Ein gutes Beispiel für die phänotypische Diversität einer Familie, die sich ausgehend von einem gemeinsamen Vorfahren entwickelt hat, ist die α/β-Hydrolasefaltung-Superfamilie[122]. Anfang der 90er Jahre wurde eine Proteinfaltung entdeckt, die in fünf Proteinen mit völlig unterschiedlichen katalytischen Aktivitäten, bis auf kleinere Unterschiede, identisch war. Die kanonische α/β-Hydrolasefaltung besteht aus acht β-Strängen, von denen sieben parallel verlaufen und die fast alle durch α-Helices voneinander getrennt sind. Lediglich der β2-Strang verläuft antiparallel und wird nicht von einer α-Helix von seinen Nachbarsträngen getrennt (Abbildung 1.11).

1. Einleitung

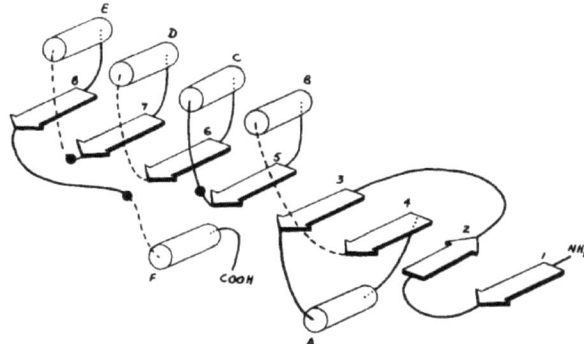

Abbildung 1.11: Schematische Darstellung der α/β-Hydrolasefaltung. Vertreter dieser Familie bestehen aus acht β-Strängen (Pfeile 1-8), von denen sieben parallel verlaufen (1, 3-8) und einer antiparallel (2). Die β-Stränge 3-8 sind jeweils durch α-Helices voneinander getrennt (Zylinder A-E). Am C-Terminus folgt eine weitere α-Helix (Zylinder F).

Unter Erhaltung dieses Proteingerüstes haben sich eine ganze Reihe verschiedener Funktionen entwickelt. So gehören in diese Familie Esterasen, Lipasen, Thioesterasen, Proteasen, Haloperoxidasen, Epoxidhydrolasen, Hydroxynitril-Lyasen und andere[123]. Bemerkenswert ist ebenfalls, dass alle Enzyme mit α/β-Hydrolasefaltung über eine katalytische Triade verfügen, deren Position sogar konserviert ist. Diese besteht aus einem katalytischen Nukleophil (Serin, Cystein oder Aspartat), einer katalytischen Base (Histidin) und einer katalytischen Säure (Aspartat oder Glutamat). Der Aufbau dieser Proteine ist sehr ähnlich. Sie bestehen aus einer konservierten *main-domain* und einer weniger stark konservierten *cap-domain*[122]. Das aktive Zentrum befindet sich hierbei in der Interphase beider Domänen.

1.2.1 Epoxidhydrolasen (EC 3.3.2.3)

Epoxidhydrolasen kommen ubiquitär vor und und spielen im Organismus eine wichtige Rolle im Abbau von Xenobiotika[124-127]. Hierbei katalysieren sie den Abbau von reaktiven Epoxidspezies zu vicinalen Diolen. Bis auf eine Ausnahme[128] haben alle Epoxidhydrolasen, die bisher kloniert wurden die α/β-Hydrolasefaltung.

Epoxide sind chemisch sehr interessant, da sie mit einer Reihe von Nukleophilen wie Aminen, Aziden, Alkoholen, Cyaniden und Sulfiden reagieren und somit Zugang zu einer Reihe funktioneller Gruppen liefern[129]. Sie stellen wichtige Ausgangsstoffe für pharmazeutisch wirksame Verbindungen dar. Zum Beispiel liefern Styroloxid-Derivate und Phenylglycidylether Ausgangsstoffe für die Synthese von β-adrenergischen Agonisten, wenn die enantiomerenreinen Epoxide mit Aminen gespalten werden[130-132]. Weiterhin kann z.b. Epichlorhydrin für die Synthese von Nahrungsbestandteilen[133], antibakteriellen Agenzien[134] und pharmazeutischen Wirkstoffen[135] als Ausgangsstoff fungieren.

Die katalytische Triade besteht in Epoxidhydrolasen aus einem Aspartat, das als katalytisches Nukleophil fungiert, einem Histidin als Base und einem Glutamat oder einem weiteren Aspartat als katalytische Säure. Das Nukleophil befindet sich hierbei in der Interphase von *main-* und *cap-domain*. Ebenfalls dort positioniert und essentiell für den Reaktionsmechanimus sind zwei Tyrosine. Diese Reste sind sowohl an der Substratbindung als auch an der Protonierung des Epoxidsauerstoffs während der Katalyse beteiligt[136, 137]. In einer Arbeit von Rink *et al.*[138] konnte gezeigt werden, dass zumindest für das Beispiel der Epoxidhydrolase aus *Agrobacterium radiobacter* nur eines dieser Tyrosine essentiell für die Aktivität ist. Unabhängig davon, welches man durch eine andere Aminosäure substituierte, zeigte das Enzym weiterhin Aktivität, wenn auch sehr viel geringere. Bemerkenswerterweise war auch die Enantioselektivität gegenüber verschiedenen Substraten verbessert. Wenn jedoch beide Tyrosine ersetzt wurden, zeigte das Enzym keinerlei Epoxidhydrolaseaktivität mehr. Der Reaktionsmechanismus dieser Enzymklasse ist am Beispiel der Hydrolyse von Styroloxid in Abbildung 1.12 dargestellt.

Der nukleophile Angriff des Enzyms findet hierbei zumeist am weniger substituierten Kohlenstoffatom des Epoxidringes statt, wobei die sterische Konfiguration erhalten bleibt (Retention). In selteneren Fällen, kann jedoch auch das höher substituierte C-Atom attackiert werden, was in einer Umkehr der Konfiguration resultiert (Inversion)[129]. Setzt man zwei enantioselektive Epoxidhydrolasen gleichzeitig ein, die ein Substrat einmal unter Retention und einmal unter Inversion umsetzen, kann man in einem solchen enantiokonvergenten Verfahren theoretische Umsätze von 100% enantiomerenreinen Produktes erreichen. Pedragosa-Moreau *et al.*[139] erzielten durch den Einsatz zweier Enzyme aus *Aspergillus niger* und *Beauveria sulfurescens*, die diese Kriterien erfüllten, eine 92%ige Ausbeute (*R*)-1-Phenyl-1,2-dihydroxyethan mit einem Enantiomerenüberschuss von 89% ee.

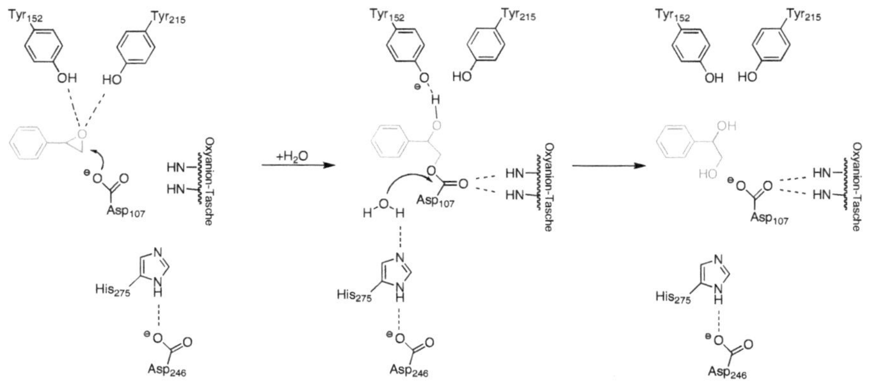

1. Einleitung

Abbildung 1.12: Reaktionsmechanismus für die Epoxidhydrolyse am Beispiel von Styroloxid (grau). Die Nummerierung basiert auf der *Agrobacterium radiobacter* Epoxidhydrolase. Im ersten Schritt greift das katalytische Asp107 eines der Kohlenstoffatome an und bildet ein α-Hydroxy-Ester-Intermediat. Dieses wird im zweiten Schritt von einem über das His275 aktivierten Wassermolekül nukleophil am Carbonylkohlenstoff attackiert. Dabei wird das vicinale Diol freigesetzt und das Enzym regeneriert. Die OH-Gruppe des Wassers wird dabei in das Aspartat eingebaut. Zwei Tyrosine (Tyr152 und Tyr215) dienen der Substratbindung und protonieren den Epoxidsauerstoff.

1.2.2 Carboxylesterasen (EC 3.1.1.1)

Im Gegensatz zu den Epoxidhydrolasen verwenden Carboxylesterasen einen Serinrest für den nukleophilen Angriff. Die Position dieser Aminosäure sowie die Positionen und die Identitäten der anderen Reste der katalytischen Triade sind aber identisch. Carboxylesterasen katalysieren die Hydrolyse oder Synthese einer C-O-Bindung von Carbonsäureestern. Dabei bevorzugen sie kurzkettige hydrophile Substrate, wobei gilt, dass Ester mit großem Acylrest und kleiner Alkoholfunktion bevorzugt umgesetzt werden[140]. Der Esterase-Reaktionsmechanismus ist für die Hydrolyse von Phenylacetat beispielhaft in Abbildung 1.13 dargestellt.

Obwohl eine große Zahl von Esterasen in der Literatur beschrieben wurde, gibt es nur sehr wenige Anwendungen in größerem Maßstab. Grund dafür ist ein meist kleines Substratspektrum und eine meist geringere Enantioselektivität, verglichen mit den Lipasen, die ebenfalls in der Lage sind Carbonsäureester zu hydrolysieren und vermehrt Einsatz in großtechnischen Verfahren finden[141-143].

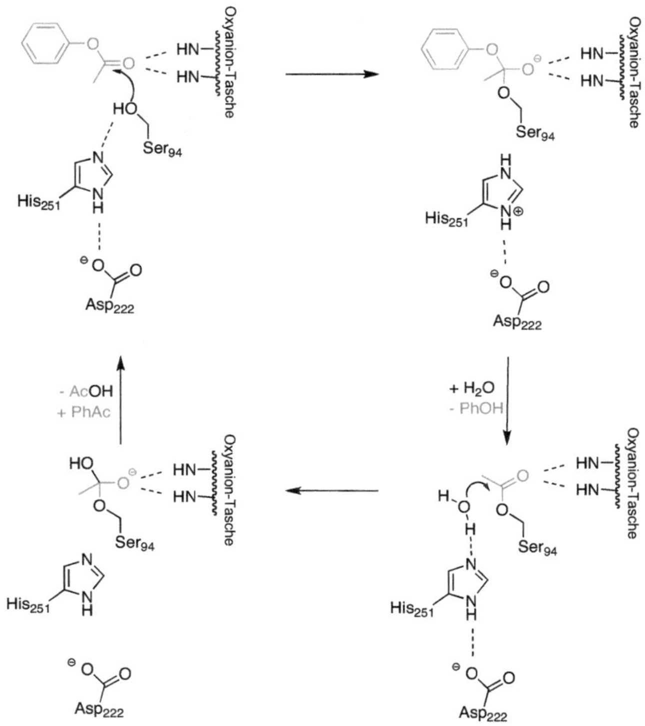

Abbildung 1.13: Reaktionsmechanismus von Carboxylesterasen am Beispiel der Hydrolyse von Phenylacetat (grau). Die Nummerierung basiert auf der *Pseudomonas fluorescens* Esterase. Das durch Histidin und Aspartat/Glutamat (hier Asp222) aktivierte katalytische Nukleophil (Ser94) greift den Carbonylkohlenstoff des Esters an und bildet den ersten tetraedrischen Zwischenzustand. Die alkoholische Gruppe wird frei, wobei ein Acyl-Enzym-Intermediat entsteht. Daraufhin greift ein durch Histidin und Aspartat aktiviertes Wassermolekül den Carbonylkohlenstoff an, wobei ein zweiter tetraedrischer Zwischenzustand entsteht. Nach Freisetzung der Acylgruppe steht das Enzym für einen neuen Zyklus zur Verfügung.

1.2.3 *Pseudomonas fluorescens* Esterase

Die Arylesterase aus *Pseudomonas fluorescens* (PFE; pbd: 1VA4; accession number: gp/D12484/) wurde zuerst 1990 leicht fehlerhaft von Choi *et al.* beschrieben[144] und das in seiner Sequenz korrigierte Gen fünf Jahre später von Pelletier und Altenbuchner kloniert und exprimiert[145]. Der offene Leserahmen (*open reading frame*, ORF) kodiert in 816 Basenpaaren 272 Aminosäuren. Das theoretische Molekulargewicht liegt bei 30092 Da und stimmt mit dem mittels SDS-PAGE ermittelten (29500 Da) beinahe überein. Bereits seit 2004 ist die Kristallstruktur der PFE aufgeklärt[146]. Nativ liegt das Protein als Hexamer vor. Genauer gesagt handelt es sich um ein Dimer eines Trimers (Abbildung 1.14). Der Aufbau der Monomere aus acht β-Strängen, die durch α-Helices voneinander getrennt werden und die Lage der katalytischen Triade ordnen die PFE eindeutig der Familie der α/β-Faltung-Hydrolasen zu (Abbildung 1.11). Die Aminosäuren der Triade sind das katalytische Nukleophil Serin 94, die katalytische Base Histidin 251 und die katalytische Säure Aspartat 222, wobei das Serin in die typische Konsensus-Sequenz Gly-X-Ser-X-Gly eingebettet ist[122]. Der Reaktions-mechanismus der PFE für die Hydrolyse von Phenylacetat ist in Abbildung 1.13 abgebildet.

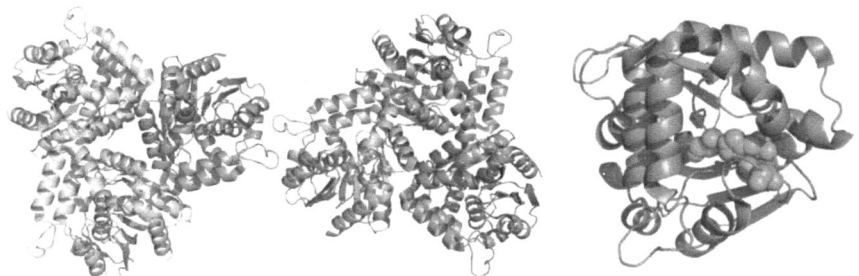

Abbildung 1.14: Links: Hexamer der PFE. Die Monomere sind in unterschiedlichen Orangetönen dargestellt; rechts: Monomer der PFE. Die katalytische Triade ist in grünen *balls* dargestellt.

Die PFE ist in der Lage eine Reihe aromatischer und aliphatischer Ester umzusetzen. Die höchsten Aktivitäten zeigt das Enzym gegenüber kurzkettigen aliphatischen Estern, wie Ethylacetat und Ethylbutyrat. Mit steigender Kettenlänge sinkt die Aktivität, unabhängig davon, ob die Alkyl- oder die Acylgruppe verlängert wird. Aromatische Ester, wie Ethylbenzoat werden zwar auch, aber mit geringerer Aktivität hydrolysiert. Teilweise zeigt die PFE auch eine bemerkenswerte Enantioselektivität. So bevorzugt das Enzym z.B. bei der Hydrolyse von racemischen Phenylethylacetat sehr stark das (S)-Enantiomer (E = 58)[147, 148]. Neben ihrer Esteraseaktivität zeigt die PFE eine promiskuitive Perhydrolaseaktivität (früher bekannt als Haloperoxidaseaktivität). So katalysiert sie beispielsweise die Bromierung von Monochlordimedon nur 50mal langsamer als eine Haloperoxidase aus *Pseudomonas pyrrocinia*, die diese Aktivität als ihre Primäraktivität besitzt[145]. Durch den Austausch von nur einer Aminosäure im aktiven Zentrum (Leu29Pro) gelang es, die Perhydrolaseaktivität 28-fach zu erhöhen, wobei die Hydrolyseaktivität 100-fach geringer war als die des Wildtyps. Die Spezifität der Reaktion wurde also um einen Faktor von 2.800 in Richtung der Perhydrolyse verändert[149].

Neben diesem Beispiel war die *Pseudomonas fluorescens* Esterase schon häufig Ziel des Protein-Engineerings. Die Gründe dafür sind ihre relativ hohe Stabilität, eine gute Expression in *Escherichia coli* und, wie bereits erwähnt, relativ hohe Aktivitäten gegenüber einer ganzen Reihe von Estern, mit teilweise hoher Enantioselektivität. Diese Eigenschaften machen die PFE zu einem attraktiven Enzym zur Herstellung enantiomerenreiner Verbindungen und außerdem zu einem geeigneten Modellprotein für Protein-Engineering-Studien. Hidalgo et al.[19] entwickelten beispielsweise eine neue Methode der Kassettenmutagenese zur Herstellung von Proteinbibliotheken, die es erlaubt, ausgewählte Sekundärstrukturelemente zu randomisieren. Als Modellenzym fungierte die PFE, von der sie eine Mutantenbibliothek herstellten, die sie anschließend nach Varianten mit verändertem Kettenlängenprofil durchmusterten. Auf diese Weise konnte gezeigt werden, dass die neu entwickelte Methode effektiv funktioniert. Später konnte weiterhin gezeigt werden, dass eine über diese Methode hergestellte Mutante neben einer veränderten Substratspezifität auch eine erhöhte Enantioselektivität zeigte[60]. Ein anderes Beispiel, in dem die PFE als Modellenzym neuer Methoden fungiert, liefert die Arbeit von Park et al.[150]. Hierbei sollte die Enantioselektivität der PFE gegenüber dem Modellsubstrat 3-Bromo-2-methylpropionsäure-Methylester erhöht werden. Es ging jedoch nicht primär um die Herstellung einer interessanten Verbindung, sondern um die Entwicklung einer Methode. Es wurde sich in einer Sättigungsmutagenese auf vier Aminosäuren beschränkt, die in der Acylbindetasche des Enzyms liegen, in der sich während der Katalyse die chirale Säuregruppe des Substrates befindet. Alle vier Positionen wurden mit allen anderen 19 Aminosäuren substituiert und die korrespondierenden Bibliotheken auf einen verbesserten E-Wert durchmustert. Die Positionen, welcher der Mutagenese unterzogen wurden sind Trp28, Val121, Phe198 und Val225 (Abbildung 1.15).

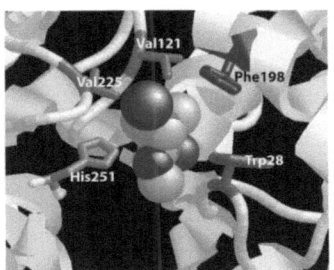

Abbildung 1.15: Acylbindetasche der *Pseudomonas fluorescens* Esterase. Die vier von Park et al. mutierten Reste, sowie das katalytische Histidin 251 sind in *sticks* gekennzeichnet. Das Substrat 3-Bromo-2-methylpropionsäure-Methylester in *balls*. Die Abbildung entstammt der Publikation von Park et al.[150].

Während die Sättigung der Positionen 121 und 198 ungefähr 60% aktiver Klone (> 10% der Wildtypaktivität) hervorbrachte, waren es an den Positionen 28 und 225 nur circa 30%. Mit relativ wenig Screeningaufwand konnte die Enantioselektivität der PFE gegenüber dieses Substrates 5-fach gesteigert werden (E = 61)[150]. Der Vergleich mit einer früheren Arbeit[151], in der die Enantioselektivität gegenüber desselben Substrates, mittels Zufallsmutagenese, nur moderat verbessert wurde, ließ den Schluss zu, dass Mutationen, die sich in der Nähe des aktiven Zentrums befinden, mit höherer Wahrscheinlichkeit die Enantioselektivtät beeinflussen, als solche, die weiter entfernt liegen („closer mutations are better")[152]. In der Arbeit von Bornscheuer et al. war das primäre Ziel die Herstellung eines enantiomerenreinen Produktes. Durch die Verwendung eines Mutatorstammes, der das Gen der PFE fehlerhaft exprimierte, und anschließendem Screening auf Agarplatten gelang die Herstellung von enantio-angereicherten 3-Hydroxyestern, Vorstufen zur Herstellung von Epothilonen[153]. Schmidt et al. konnten durch den Austausch zweier Aminosäuren, die über gerichtete Evolution und nachfolgender systematischer Rückmutation identifiziert wurden, die Verbindung (S)-3-Butin-2-ol mit hoher Enantiomerenreinheit herstellen[37]. Diese Verbindung stellt eine wichtige Vorstufe für die Synthese einer Reihe pharmazeutisch interessanter Verbindungen, wie z.B. Pankrastatin, einem Antitumoralkaloid, dar[154].

1.3 Vorarbeiten

Eine weitere wissenschaftliche Untersuchung, die sich der PFE als Modellenzym bedient, ist die Einführung von Epoxidhydrolaseaktivität in eine Esterase. Das Projekt wurde schon einige Jahre vor Beginn der hier vorgelegten Doktorarbeit begonnen. In diesem Kapitel werden kurz die Vorarbeiten vorgestellt, die den Ausgangspunkt dieser Arbeit darstellen. Durch Sequenzvergleiche verschiedener Epoxidhydrolasen mit der PFE wurden Aminosäuren identifiziert, die konserviert in erstgenannten vorkommen, jedoch in letzterer fehlen (Tabelle 1.4). Darunter befanden sich auch das katalytische Nukleophil sowie die zwei mechanistisch wichtigen Tyrosine (Mechanismus, siehe Kapitel 1.2.1).

Tabelle 1.4: Aminosäuren, die konserviert in Epoxidhydrolasen vorkommen, in der PFE aber fehlen.

Aminosäuren in EHs*	Postulierte Funktion	Aminosäure in PFE
Pro39	Konserviert in der Oxyanion-Tasche	Leu29
His106	Konserviert neben dem katalytischen Nukleophil	Phe93
Asp107	Katalytisches Nukleophil	Ser94
Tyr152	Protoniert den Epoxidsauerstoff	Phe125 oder Phe143**
Tyr215	Protoniert den Epoxidsauerstoff	Val195

* Nummerierung basierend auf Agrobacterium radiobacter Epoxidhydrolase
**Durch Sequenzvergleiche nicht eindeutig identifizierbar

Nachfolgend wurden diese Mutationen in unterschiedlichen Kombinationen (Tabelle 1.5) in die PFE eingefügt und die Epoxidhydrolaseaktivität der Enzyme gemessen. Dazu wurde zuvor eine Analysemethode etabliert, die es erlaubt spezifische Aktivitäten gegenüber

Styroloxid und *p*-Chlorstyroloxid bis in einen Bereich von ca. 1 mU/mg mittels Gaschromatographie zu messen.

Tabelle 1.5: Verschiedene Kombinationen der ermittelten Mutationen in PFE-Varianten

Enzym	Mutationen
1	Ser94Asp/Phe143Tyr
2	Ser94Asp/Phe125Tyr/Val195Tyr
3	Ser94Asp/Phe143Tyr/Val195Tyr
4	Ser94Asp/Val195Tyr
5	Ser94Asp/Phe125Tyr/Phe143Tyr
6	Ser94Asp/Phe125Tyr/Phe143Tyr/Val195Tyr
7	Leu29Pro/Ser94Asp
8	Leu29Pro/Ser94Asp/Phe125Tyr
9	Leu29Pro/Ser94Asp/Val195Tyr
10	Leu29Pro/Ser94Asp/Phe125Tyr/Val195Tyr
11	Leu29Pro/Ser94Asp/Phe143Tyr
12	Leu29Pro/Ser94Asp/Phe125Tyr/Phe143Tyr
13	Leu29Pro/Ser94Asp/Phe125Tyr/Phe143Tyr/Val195Tyr
14	Leu29Pro/Ser94Asp/Phe143Tyr/Val195Tyr
15	Ser94Asp/Phe125Tyr

Da keine der generierten Varianten eine eindeutig messbare Epoxidhydrolaseaktivität zeigte, wurde nachfolgend gerichtete Evolution angewandt. Dabei wurden in die Gene dreier rational ermittelter Mutanten (**M1**: Ser94Asp, Phe125Tyr, Phe143Tyr, Val195Tyr; **M2**: Leu29Pro, Ser94Asp, Phe125Tyr, Lys188Met; **M3**: Leu29Pro, Ser94Asp, Phe125Tyr, Val195Tyr), mittels fehlerbehafteter Polymerasekettenreaktion, Mutationen eingefügt. Die Fehlerrate betrug dabei ungefähr drei Mutationen pro Gen. Als Selektionssystem wurde eine Methode verwendet, die nach dem Prinzip "mit Zuckerbrot und Peitsche" funktioniert. D.h., dass für die Zellen, die verschiedene Varianten des PFE-Gens enthielten, das toxische Glycidol als einzige Kohlenstoffquelle zu Verfügung stand. Mutanten, die in der Lage wären, Glycidol zu spalten, würden einmal das Toxin unschädlich machen und sich weiterhin Glycerol als Energiequelle zugänglich machen. Mit dieser Methode wurden 20.000 Klone durchmustert, von denen acht in der Lage waren, unter diesen Bedingungen zu wachsen. In den nachfolgenden Experimenten zur weiteren Charakterisierung dieser Varianten konnte leider in keiner eine eindeutige Epoxidhydrolaseaktivität bestätigt werden[155].

Weitere Untersuchungen beschäftigten sich mit der korrekten Position der katalytisch wichtigen Tyrosine. Dazu wurde am Computer der Übergangszustand der PFE (Ser94Asp) mit gebundenem Styroloxid modelliert. Weiterhin wurden virtuell verschiedene Aminosäuren (Phe125, Val139, Phe143, Val195), die in entsprechender räumlicher Nähe zum Epoxidsauerstoff der PFE liegen, mit Tyrosinen substituiert und nachfolgend die Struktur minimiert.

1. Einleitung

Die anschließende Untersuchung der Abstände vom Tyrosinwasserstoff zum Epoxidsauerstoff identifizierte die Position 139 als die wahrscheinlichste. Dass in keiner der Varianten, die als Templat für die gerichtete Evolution dienten, diese Mutation vorhanden war, könnte ein Grund dafür sein, warum kein Klon gefunden wurde, der Epoxidhydrolaseaktivität zeigte.

2. Ziel dieser Arbeit

Zwei grundlegende Ziele standen in dieser Arbeit im Fokus. Erstes Ziel war es, herauszufinden, ob es innerhalb der α/β-Hydrolasefaltung-Superfamilie möglich ist, nur durch Einfügen weniger katalytisch essentieller Aminosäuren ein Enzym in ein anderes umzuwandeln. Während der natürlichen Evolution haben die Enzyme dieser Familie gelernt, sehr verschiedene Reaktionen wie z.b. die Epoxid-[129], Ester-[156] oder Amidhydrolyse[157] zu katalysieren, obwohl die dreidimensionale Struktur aller dieser Enzyme bemerkenswert ähnlich ist (vergleiche Kapitel 1.2). Man nimmt an, dass sich die verschiedenen Funktionen über divergente Evolution ausgehend von einem gemeinsamen Vorfahren entwickelt haben. Ziel des ersten Teils der vorliegenden Arbeit war es, sozusagen eine Abkürzung durch die divergente Evolution zu finden. Die Gesamtstruktur blieb über die Jahrmillionen mehr oder weniger unberührt und nur kleinere Regionen, die wahrscheinlich für die Aktivität bzw. Spezifität verantwortlich sind, veränderten sich[158]. Daher wurde angenommen, dass man durch Variation dieser kleineren Regionen in das Gerüst eines sich divergent entwickelten Verwandten die Aktivität in diesen transferieren kann. Sollte dies gelingen, könnte dieser Ansatz als eine neue Quelle für Biokatalysatoren für chemische Verfahren und therapeutische Anwendungen interpretiert werden. In diesem speziellen Projekt lag der Fokus auf der Generierung von Epoxidhydrolaseaktivität in dem Proteingerüst der *Pseudomonas fluorescens* Esterase, welches eine sehr hohe Strukturhomologie zu einigen Epoxidhydrolasen, wie z.B. der *Agrobacterium radiobacter* Epoxidhydrolase (EchA), hat. Da zu diesem Zwecke beide Enzyme eingehend in ihrer Struktur untersucht werden mussten, lag es nahe, auch Anstrengungen zur umgekehrten Umwandlung, also der Einführung von Esteraseaktivität in das Proteingerüst der EchA, zu unternehmen. Gleichzeitig wurden im AK Bornscheuer weitere solcher Umwandlungen untersucht, wie die Einführung von Dehalogenaseaktivität in die PFE und die EchA und die Einführung von Epoxidhydrolaseaktivität in die *Xanthobacter autothrophicus* Haloalkandehalogenase (DhlA). Die Ergebnisse dieser Projekte sollten ihren Teil dazu beitragen weiter aufzuklären, wie Enzyme mechanistisch funktionieren und welches Schlüsselaminosäuren bzw. -elemente für eine bestimmte Aktivität sind.

Zweites grundlegendes Ziel dieser Arbeit war die Etablierung einer neuen Strategie für das Protein-Engineering. Die Methoden zur Modifikation von Enzymeigenschaften kann man grob in rational und zufallsbasiert einteilen. Rationale Methoden benötigen viele Informationen über das Zielprotein während man zur Durchführung zufallsbasierter Methoden im einfachsten Fall nur die Gensequenz braucht, allerdings die riesige Diversität der generierten Varianten seines Zielproteins nach solchen mit verbesserten Eigenschaften durchmustern muss. In der vorliegenden Arbeit sollte ein Konzept entwickelt werden, wie sich beide Methoden möglichst effektiv kombinieren lassen. Dazu sollten die Prinzipien der neutralen, genetischen Drift und der iterativen Sättigungsmutagenese in Beziehung gesetzt werden. Die Menge von zugänglichen Proteindaten macht es möglich, sich auf bestimmte Bereiche des Proteins zu konzentrieren, die mit erhöhter Wahrscheinlichkeit eine gewünschte Eigenschaft des Zielproteins beeinflussen. Solche Bereiche sollten einer Sättigungsmutagenese unterzogen werden, wobei nicht wahllos jede Aminosäure an die entsprechenden Stellen eingebaut werden sollte, sondern eine intelligente Vorauswahl anhand natürlicher Enzyme getroffen werden sollte. Unter Zuhilfenahme eines strukturbasierten multiplen Sequenzalignments der α/β-Hydrolasefaltung-Superfamilie sollten hierzu die natürlichen Aminosäureverteilungen an ausgewählten Positionen, die einmal die Thermostabilität des Enzyms und einmal die Enantioselektivität bzw. Substratspezifität beeinflussen, bestimmt werden. Nachfolgend sollten Mutantenbibliotheken erstellt werden, die in einer simultanen Sättigung von drei (Thermostabilität) bzw. vier (Enantioselektivität/Substratspezifität) Positionen, nur solche Aminosäuren enthalten, die an dieser Position in natürlich vorkommenden strukturhomologen Enzymen häufig vorkommen. In Kontrollbibliotheken sollten sowohl alle anderen 19 Aminosäuren als auch natürlicherweise an diesen Positionen selten vorkommende Aminosäuren an diese gesetzt werden. Nachfolgend sollten alle Bibliotheken nach Aktivität und der entsprechenden Eigenschaft untersucht werden. Mit Hilfe dieses Ansatzes sollte es möglich sein, durch die Reduzierung der möglichen Kombinationen, den Screeningaufwand substanziell zu verringern und gleichzeitig die Chancen Varianten mit verbesserten Eigenschaften zu finden zu erhöhen.

3. Ergebnisse

3.1 Einfügen neuer Aktivitäten in Proteingerüste mit α/β-Hydrolasefaltung

3.1.1 Einfügen von Epoxidhydrolaseaktivität in die PFE

3.1.1.1 Entwicklung der Analytik

Die Zusammenstellung von Literaturbeispielen in Kapitel 1.1.3.1, in denen es WissenschaftlerInnen gelang, neue Aktivität in bestehende Proteingerüste zu integrieren zeigt, dass die meisten artifiziell generierten Aktivitäten sehr gering und daher uneffektiv und unattraktiv für synthetische Anwendungen sind. Daher sollte man eine analytische Methode bereitstellen, die sensitiv genug ist, um auch sehr geringe spezifische Aktivitäten zu messen und nicht eine neu generierte Aktivität aufgrund mangelhafter analytischer Ausstattung zu übersehen. Für die Umsetzung chiraler Substanzen ist es von Vorteil, eine Analytik bereitzustellen, die auch die Bestimmung des Enantiomerenüberschusses gewährleistet. Auf diese Weise kann, im Falle einer auftretenden enantioselektiven Reaktion, eindeutig ausgeschlossen werden, dass es sich um eine chemische Hintergrundreaktion handelt, auch wenn der Umsatz nur marginal über dem der Hintergrundreaktion liegt.

Das Protokoll zur Messung von Epoxidhydrolaseaktivität, das bereits entwickelt wurde, basierte auf Gaschromatographie (FID-Detektor)[155]. Als Modelsubstrat wurde hierbei zumeist Styroloxid verwendet. Styroloxid eignet sich aufgrund seiner relativ hohen Autohydrolyse (> 2%/h) nicht sehr gut zur Messung niedriger Enzymaktivitäten, da die spontane, chemische Reaktion nur sehr schwer von relativ niedrigen enzymatisch katalysierten Reaktionen zu unterscheiden wäre. Aus diesem Grund wurde p-Nitrostyroloxid durch Reduktion von ω-Bromo-4-nitroacetophenon und nachfolgendem Ringschluss durch Zugabe von Kaliumcarbonat synthetisiert (Ausbeute 77%; siehe Kapitel 6.4.2). Dieses Substrat erlaubt es, die Reaktionszeit zu verlängern (Autohydrolyse < 0,5%/h), und damit niedrigere spezifische Aktivitäten zu detektieren. Weiterhin wurde statt des GC eine HPLC (UV-Detektor) verwendet. Die sehr hohe Absorption von p-Nitrostyroloxid bei 235 nm erlaubt auch noch den Nachweis sehr geringer Konzentrationen von ≤ 50 µM. In einem Standardexperiment kann man unter Zuhilfenahme dieser Analytik spezifische Aktivitäten bis zu 10^{-5} U/mg detektieren. Durch das Einfügen weiterer Aufkonzentrierungsschritte während der Probenvorbereitung ist die Messung spezifischer Aktivitäten von bis zu 10^{-7} U/mg möglich. Zusätzlich kann man, bedingt durch die Verwendung einer chiralen Säule, zumindest die Enantiomere des Produktes trennen und somit den Enantiomerenüberschuss ee_P bestimmen

(Abbildung 3.1). Die Kalibrierung des Systems mittels Lösungen definierter Konzentrationen ermöglicht ebenfalls die sehr genaue Bestimmung des Umsatzes einer Reaktion. Über die Gleichung E = [ln 1 − c (1 + ee$_P$)]/[ln 1 − c (1 − ee$_P$)] lässt sich dann die Enantioselektivität des Enzyms berechnen (E-Wert)[159].

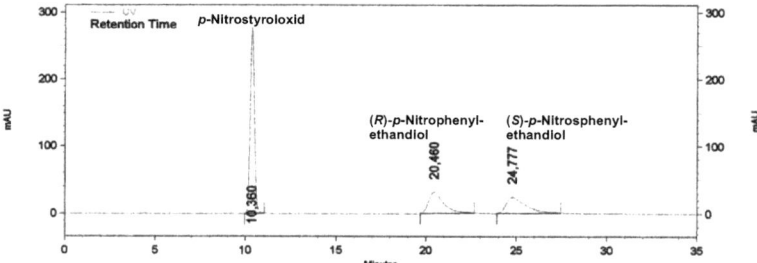

Abbildung 3.1: HPLC-Chromatogramm zur Analyse von (R,S)-p-Nitrostyroloxid und (R)- bzw. (S)-p-Nitrophenylethandiol.

Die genaue Durchführung des Analyseprotokolls ist in Kapitel 6.5.1 angegeben.

3.1.1.2 Validierung der Ergebnisse der Vorarbeiten

3.1.1.2.1 Untersuchung der Aktivität der rational und über gerichtete Evolution ermittelten Mutanten gegenüber p-Nitrostyroloxid

Während der Experimente zur gerichteten Evolution konnten acht Varianten unter den verwendeten Selektionsbedingungen wachsen und sollten aus diesem Grund noch einmal auf ihre Fähigkeit hin untersucht werden, Epoxide zu spalten. Dazu sollte die verbesserte Analytik verwendet werden. Weiterhin wurden die rational entworfenen Mutanten, die als Templat für die gerichtete Evolution dienten analysiert und mit der EchA, der PFE (Wildtyp) und einem E. coli-Zellextrakt verglichen. In allen Experimenten wurde zunächst unaufgereinigtes Protein verwendet. Der E. coli-Zellextrakt zeigte eine Epoxidhydrolaseaktivität von ungefähr 60 µU/mg$_{Protein}$ und einen Enantiomerenüberschuss von 15% ee$_P$ vom (S)-Enantiomer.

Keines der untersuchten Enzyme zeigte eine Epoxidhydrolaseaktivität, die größer war als der Hintergrund (Tabelle 3.1). Dieses Phänomen kann folgendermaßen erklärt werden: Das E. coli-Enzym, das für die geringe Hintergrundaktivität verantwortlich ist, wird durch das rekombinant exprimierte Enzym verdünnt, was in einer geringeren Aktivität resultiert. Die spezifische Aktivität bezieht sich ja in diesem Fall auf die Menge des Gesamtproteins und nicht auf die des zu untersuchenden Enzyms. Diese Hypothese wird unterstützt durch die

Tatsache, dass die gemessene Aktivität mit dem Expressionsniveau der PFE-Variante korreliert. Je besser die Expression der Mutante, desto größer der Verdünnungseffekt und desto kleiner die spezifische Aktivität (je $mg_{Protein}$ nicht mg_{Enzym}).

Tabelle 3.1: Analyse der Aktivität der rational und über gerichtete Evolution ermittelten Mutanten gegenüber *p*-Nitrostyroloxid verglichen mit der EchA, der PFE und *E. coli*-Zellextrakt als Kontrollen. Das Expressionsniveau wurde über SDS-Gel-Analyse abgeschätzt. +++ sehr gute Expression löslichen Proteins; ++ gute Expression löslichen Proteins; + lösliches Protein wird geringfügig exprimiert; - inclusion bodies.

Enzym	ee_P [%]	Umsatz [%]	Spezifische Aktivität [µU/$mg_{Protein}$]	Expression
Autohydrolyse	0	0	0	-
PFE	0	0	0	+++
EchA	93	46	$1.8*10^5$	+++
E. coli-Zellextrakt	15	28	58	-
M1	0	0	0	+++
M2	0	0	0	+++
M3	0	0	0	+++
M1 + Phe13Pro, Lys86Met, Leu237Ser	3	7	23	-
M1 + Val121Phe, Met207Thr, Tyr246Cys, Phe253Leu, Asn262Tyr	11	15	31	+
M1 + Gly213Ser, Lys232Ile	8	10	20	++
M1 + Arg106His	8	3	6	+++
M2 + Leu23Met, Ala267Val	10	6	12	++
M2 + Asp53Gly, Tyr125Cys, Arg111Trp, Glu146Val, Tyr246Ser	13	9	19	+
M3 + Gly8Ser	10	6	11	+++
M3 + Ser18Thr, Asp33Asn, Tyr37Phe, Ala51Thr, Asp74Ser, Phe143Asp	7	1	8	+++

3.1.1.2.2 Validierung der für die Mutagenese ermittelten Positionen mittels rationalen Proteindesigns

Ein einfacher Grund für die fehlende Aktivität in allen bisher generierten Mutanten könnte sein, dass durch mögliche Fehler beim rationalen Design ein Ausgangsenzym generiert wurde, das von vornherein fehlerhaft war. Um dies auszuschließen, wurde der Prozess zur Identifizierung essentieller Aminosäuresubstitution wiederholt.
Dazu wurden die Sequenzen von den in Tabelle 3.2 angegebenen Epoxidhydrolasen mittels ClustalW[77] verglichen. Es wurden 40 Aminosäuren identifiziert, die konserviert in Epoxidhydrolasen vorkommen. Von diesen 40 sind bereits 31 in der PFE vorhanden und daher wahrscheinlich eher verantwortlich für die strukturelle Integrität als für die Spezifität.

Tabelle 3.2: Epoxidhydrolasen, deren Sequenzen für ein Alignment herangezogen wurden.

Organismus	Accession number
Aedes aegypti	XP_001651936
Agrobacterium Radiobacter Ad1	Y12804
Agrobacterium tumefaciens	CAA73331
Bradyrhizobium japonicum USDA 110	NP_767058
Corynebacterium sp. str. C12	O52866
Homo sapiens	AAG14967
Homo sapiens	EAW63547
Homo sapiens	NP_001970
Mus musculus	CAA85471
Mus musculus	NP_031966
Mycobacterium smegmatis str. MC2 155	YP_890916
Mycobacterium smegmatis str. MC2 155	YP_890927
Mycobacterium smegmatis str. MC2 155	YP_890928
Mycobacterium ulcerans	YP_908166
Rhodococcus sp. RHA1	YP_708035

Ein sich anschließender Strukturvergleich der PFE und der EchA identifizierte die Positionen der anderen neun konservierten Aminosäuren. Fünf dieser Reste befinden sich nicht im aktiven Zentrum und wurden daher als unwichtig für die Spezifität erachtet.

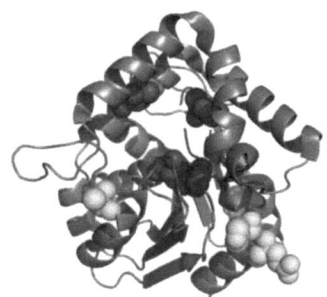

Abbildung 3.2: Struktur der PFE. Farblich gekennzeichnet sind Aminosäuren an deren Position sich in Epoxidhydrolasen konservierte Aminosäuren befinden, die es in der PFE nicht gibt. Gelb: weit entfernt vom katalytischen Zentrum; rot: im aktiven Zentrum

Die anderen vier Aminosäuren erscheinen konserviert im aktiven Zentrum von Epoxidhydrolasen und wurden teilweise in den Vorarbeiten identifiziert (Abbildung 3.2). Die Substitutionen, die ausgehend von dieser Studie als wichtig erscheinen sind Leu29Pro, Phe93His, Ser94Asp und Val195Tyr. Die Mutationen Phe125Tyr und Lys188Met, welche vorher in einigen Mutanten vorkamen, konnten nicht gerechtfertigt werden. Anstatt das zweite wichtige Tyrosin an die Stelle 125 zu setzen, erscheinen die Positionen 139 und 143 sehr viel wahrscheinlicher, da sich Tyr125 sehr weit weg vom aktiven Zentrum im Eingangstunnel zu diesem befindet und nicht in der Lage wäre, den Epoxidsauerstoff zu protonieren. Von den Positionen 139 und 143 erscheint wiederum erstere die bessere zu sein, um das Kriterium „Epoxidprotonierung" erfüllen zu können. Zu diesem Ergebnis kommt man, wenn man die Mutation Val139Tyr und die Mutation Phe143Tyr in die PFE (Leu29Pro, Phe93His, Ser94Asp, Val195Tyr) einfügt, die Struktur minimiert und die Abstände des Tyrosinwasserstoffs zum Epoxidsauerstoff misst. Weiterhin erscheint ein Histidin direkt neben dem katalytischen Nukleophil konserviert. Aufgrund dieser räumlichen Nähe zum Reaktionsort erscheint auch diese Substitution empfehlenswert. Zusammenfassend trägt die beste rational entwickelte Mutante die Mutationen Leu29Pro (konserviert in der Oxyanion-Tasche), Phe93His (konserviert neben dem katalytischen Nukleophil), Ser94Asp (katalytisches Nukleophil), Val139Tyr (erstes mechanistisch wichtiges Tyrosin) and Val195Tyr (zweites mechanistisch wichtiges Tyrosin).

3.1.1.3 Chimäragenese zum Einfügen von Epoxidhydrolaseaktivität in die PFE

Entsprechend den oben beschriebenen Ergebnissen wurde die Mutante **M4** (Leu29Pro, Phe93His, Ser94Asp, Val139Tyr, Val195Tyr) mittels positionsgerichteter Mutagenese hergestellt und weiter untersucht. Die Expression war vergleichbar mit der des Wildtyps (Abbildung 3.3), doch leider zeigte auch diese Variante (aufgereinigt) keinerlei Epoxidhydrolaseaktivität. Gleichwohl sollte diese Mutante als Templat für weitere Modifikationen dienen.

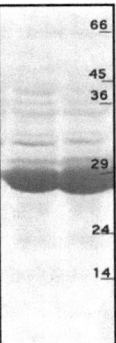

Abbildung 3.3: Western Blot zur Untersuchung der Mutante **M4** (links) im Vergleich zur PFE(WT) (rechts). Die Zahlen 14-66 entsprechen der Proteingröße (in kDa).

Vergleicht man die Strukturen der PFE und der EchA fällt auf, dass große Teile der Enzyme sehr starke Strukturhomologien aufweisen (Abbildung 3.4). Die Überlappungsbereiche sind hierbei vor allem in der *main*-Domäne sehr stark ausgeprägt, während es in der *cap*-Domäne signifikante Unterschiede gibt.

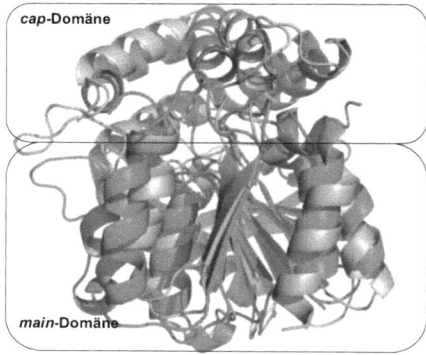

Abbildung 3.4: Strukturvergleich der PFE (orange) und der EchA (grün) und deren Einteilung in *main*- und *cap*-Domäne.

Dies unterstützt die Hypothese, dass die *main*-Domäne hauptsächlich für die strukturelle Integrität des Proteingerüstes verantwortlich und die *cap*-Domäne entscheidend für die Spezifität des jeweiligen Enzyms ist. Die *cap*-Domäne der PFE besteht aus 82 Aminosäuren, die der EchA aus 94. Beide mechanistisch wichtigen Tyrosine befinden sich in diesem Element, wohingegen das katalytische Nukleophil zur *main*-Domäne gehört, aber in der Interphase zwischen *cap*- und *main*-Domäne sitzt und in Richtung der Tyrosine positioniert ist. Um zu testen, ob die *cap*-Domäne alleine verantwortlich für die Substratspezifität in Bezug auf den Reaktionstyp ist, wurde die komplette Domäne der PFE (Thr123-Phe204) durch die der EchA (Ile132-Trp225) ersetzt. Dadurch sollten die Tyrosinreste an Positionen äquivalent derer der EchA positioniert werden und in Richtung des katalytischen Nukleophils ausgerichtet sein. Die entsprechende Chimäre wird nachfolgend **PFE-EchA-cap** genannt.

Die weitere Analyse der minimierten Struktur der Mutante **M4** zeigte, dass eines der Tyrosine zwar an richtiger Stelle sitzt, aber in eine ungünstige Richtung orientiert ist (Abbildung 3.5). Der Vergleich der Sekundärstrukturelemente der PFE und der EchA in diesem Bereich identifizierte eine 15 Aminosäure lange α-Helix in der PFE, in der sich das Tyrosin befindet. Das entsprechende Element in der EchA besteht aus zwei kürzeren Helices, die durch einen kleinen Loop getrennt sind und der verantwortlich für eine Art Knick zwischen den Helices ist, der letztlich für die richtige Orientierung des Tyrosins sorgt.

3.1 Ergebnisse – Einfügen neuer Aktivitäten in Proteingerüste mit α/β-Hydrolasefaltung

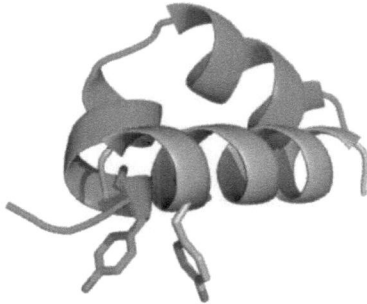

Abbildung 3.5: Strukturvergleich der EchA (grün) und der PFE (orange) im Bereich eines der katalytisch wichtigen Tyrosine (*sticks*, Nr. 152 in EchA, 139 in PFE). Die unterschiedliche Ausrichtung der Sekundärstrukturelemente könnte für die fehlerhafte Orientierung des Tyrosins verantwortlich sein.

Über die Substitution der PFE α-Helix (Pro136-Asp150) durch das entsprechende Element der EchA (Trp150-Ser167) sollte untersucht werden, ob die ungünstige Orientierung des Tyrosins aufgehoben und auf diese Weise Epoxidhydrolaseaktivität generiert werden kann (Chimäre = **PFE-EchA-Helix**).

Weiterhin wurden in einem Strukturvergleich sechs strukturell relativ diverse Epoxidhydrolasen miteinander verglichen (pdb-codes: 1EHY, 1QO7, 1CQZ, 1S8O, 1ZD5, 1CJP). Neben den konservierten Aminosäuren, die bereits zuvor identifiziert wurden, erscheint ein Bereich in allen untersuchten Strukturen, von dem angenommen wird, dass es sich um den Eingang ins aktive Zentrum der Epoxidhydrolasen handelt (Abbildung 3.6)[138]. Trotz der relativen Diversität der Strukturen befindet sich dieser Eingang in allen Enzymen an der gleichen Stelle des Proteins, eine Tatsache, die wohlgemerkt unter Verwendung von strukturbasierten Sequenzvergleichen nicht hätte entdeckt werden können.

Abbildung 3.6: Strukturvergleich von sechs verschiedenen Epoxidhydrolasen (grün; pdb-codes: siehe Text) mit der PFE (orange). Ein Loop der PFE blockiert den - in Epoxidhydrolasen - konservierten Eingang ins aktive Zentrum (katalytisches Aspartat und Tyrosine sind rot hervorgehoben).

Der Eingang ins aktive Zentrum der PFE befindet sich jedoch auf der anderen Seite des Enzyms. Von diesem strukturellen Unterschied wurden angenommen, dass er eine Schlüsselrolle für die fehlende Epoxidhydrolaseaktivität in der PFE-Mutante **M4** spielen könnte. Die Beständigkeit der Position des Einganges ins aktive Zentrum während der natürlichen Evolution lässt vermuten, dass diese sehr wichtig für die Funktionalität des Enzyms ist und somit essentiell für die Generierung von Epoxidhydrolaseaktivität. Möglicherweise ist die Lage des Einganges wichtig für die richtige Orientierung des Substrates im aktiven Zentrum. Aufgrund der Tatsache, dass der Eingang ins aktive Zentrum der PFE auf der gegenüberliegenden Seite des Enzyms liegt, würde das Epoxid zwar möglicherweise ins aktive Zentrum gelangen, orientiert sich aber auf eine Weise, die keine Katalyse zuließe.

Um einen Ansatz zu schaffen, mit dem an richtiger Stelle ein künstlicher Eingang in das aktive Zentrum der PFE geschaffen werden könnte, wurden die Strukturen der PFE und der EchA erneut übereinander gelegt (Abbildung 3.7).

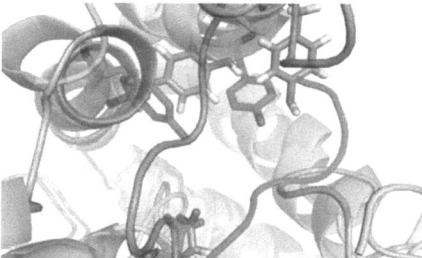

Abbildung 3.7: Strukturvergleich der PFE (orange) und der EchA (grün). Der Loop der EchA führt am Eingang ins aktive Zentrum (katalytisches Aspartat und Tyrosine gekennzeichnet durch *sticks*) vorbei, während der korrespondierende Loop der PFE diesen versperrt.

Dieser Vergleich zeigt, dass die Region, in der sich in den Epoxidhydrolasen der Eingang ins aktive Zentrum befindet, von einem 20 Aminosäure langen Loop blockiert wird (schematisch in Abbildung 3.8). Die Tatsache, dass dieser Bereich in der EchA frei ist, hängt mit einem anderen Loop zusammen, der durch einen Knick am Tunnel vorbeigeführt wird. Durch Ersetzen des gesamten PFE-Loops (Ala120-Val139) durch den der EchA (Pro132-Tyr152) sollte diese Tür in der PFE geöffnet werden und eine produktive Substratbindung im aktiven Zentrum ermöglicht werden (Chimäre = **PFE-EchA-Loop**).

3.1 Ergebnisse – Einfügen neuer Aktivitäten in Proteingerüste mit α/β-Hydrolasefaltung

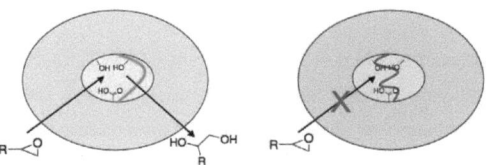

Abbildung 3.8: Schematische Darstellung des Eingangs ins aktive Zentrum der EchA (**links**) und des korrespondieren Proteinbereiches in der Mutante **M4** (**rechts**). Während der Loop in der EchA (grün) den Eintritt des Substrates und damit dessen Hydrolyse zulässt, ist der Eingangsbereich in der PFE-Mutante durch einen Loop versperrt (rot).

Im Anschluss dieser Untersuchungen wurden die folgenden drei Chimären hergestellt, die größere Segmente der PFE und kleinere der EchA enthielten:

1. PFE-EchA-Chimäre, in der die α-4-Helix von zwei kleineren Helices ersetzt wird (**PFE-EchA-Helix**)
2. PFE-EchA-Chimäre, in der die komplette *cap*-Domäne durch die der EchA ersetzt wird (**PFE-EchA-Cap**)
3. PFE-EchA-Chimäre, in der ein Loop, von dem angenommen wird, dass er den Eingang ins aktive Zentrum versperrt, durch den entsprechenden EchA-Loop ersetzt wird (**PFE-EchA-Loop**).

Als Templat für all diese Chimären wurde die Mutante **M4** und als spätere Negativkontrolle der PFE-Wildtyp verwendet.

3.1.1.3.1 Fusion der Gene der PFE und der EchA

Alle Chimären wurden mittels *overlap-extension* PCR[160] hergestellt (schematisch in Abbildung 3.9 dargestellt).

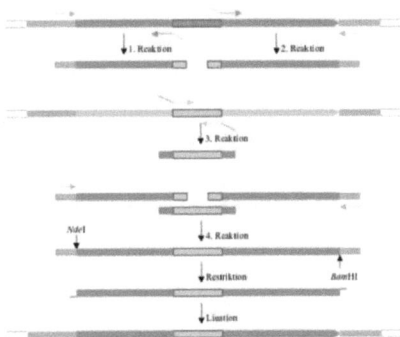

Abbildung 3.9: Schematische Darstellung der *overlap-extension* PCR zur Herstellung der PFE-EchA-PFE-Chimären. Türkis: Elemente der PFE; orange: Elemente der EchA.

In einem ersten Schritt werden die drei Teile des Gens („PFE-EchA-PFE") einzeln amplifiziert (Reaktion 1-3). Die Primer werden hierbei so entwickelt, dass die einzelnen Fragmente hinterher Überlappungsbereiche von ungefähr 20 Basenpaaren haben. Nach der Aufreinigung der drei Fragmente mittels Agarosegelelektrophorese werden diese vereint und anschließend als Templat für eine weitere PCR eingesetzt (Reaktion 4). Hierfür werden Primer verwendet, die das gesamte Gen amplifizieren und Restriktionsschnittstellen für die sich anschließende Klonierung tragen. Nach der PCR und erneuter Aufreinigung über das Gel erfolgt der Restriktionsverdau zum Beseitigen der 5'- und 3'-Überhänge und die Ligation in einen geeigneten Expressionsvektor (hier pJOE2792.1).

3.1.1.3.2 Expression und Aufreinigung der Chimären

Nach Klonierung und Transformation frisch hergestellter E. coli (DH5α)-Zellen, wurde die Expression der einzelnen Mutanten untersucht. Dazu wurde versucht, die Enzyme bei drei verschiedenen Temperaturen herzustellen. Leider konnte keine der Chimären in löslicher Form exprimiert werden (Abbildung 3.10).

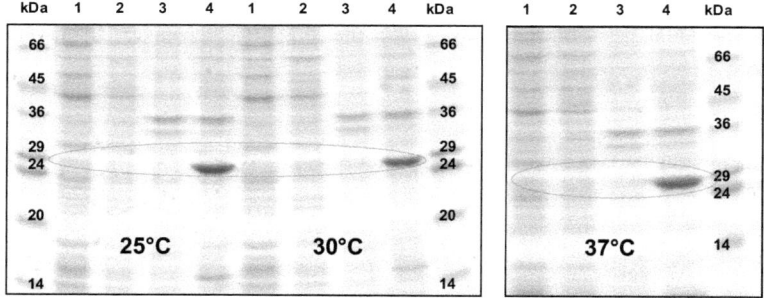

Abbildung 3.10: SDS-Gele zur Untersuchung der Expression der Mutante PFE-EchA-Loop (orange eingekreist) bei 25, 30 und 37°C. 1: lösliches Protein vor der Induktion; 2: lösliches Protein nach der Induktion (6 h bei 30 und 37°C bzw. 22 h bei 25°C); 3: unlösliches Protein vor der Induktion; 4: unlösliches Protein nach der Induktion (6 h bei 30 und 37°C bzw. 22 h bei 25°C)

Grund dafür sind wahrscheinlich die dramatischen strukturellen Änderungen der Proteine, die strukturell organisierte Elemente zerstört haben könnten.
Um dieses Problem zu lösen, wurde die Coexpression der rekombinanten Chimären mit Chaperonen untersucht, die als Faltungshelfer eine lösliche Expression gewährleisten können. Der kommerzielle Proteinexpressionskit der Firma TaKaRa Inc. bietet fünf Plasmide, welche verschiedene Kombinationen von Chaperonen und somit unterschiedliche Chaperon-

maschinerien codieren. Es handelt sich hierbei um die Proteine DnaK, DnaJ, grpE, GroEL, GroES und den trigger factor. Der Expressionsvektor, der die Chimären codiert, enthält das Gen der β-Lactamase (Ampicillin-Resistenz) zur Stabilisierung des Plasmids. Aufgrund der Tatsache, dass die Chaperon-codierenden Vektoren alle eine Chloramphenicol-Resistenz tragen, lassen sich Chaperone und Zielproteine einfach coexprimieren.

In der Tat gelang es auf diesem Wege, eine geringe Menge des gewünschten Enzyms löslich zu exprimieren (Abbildung 3.11). Nur bei der Verwendung von einem der fünf Plasmide (pKEJ7) wurde weder lösliches noch unlösliches Zielprotein durch SDS-Polyacrylamid-Gelelektrophorese bzw. Western Blot detektiert.

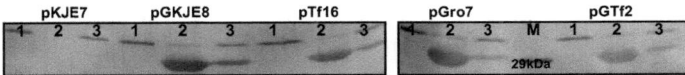

Abbildung 3.11: Western Blot zur Untersuchung der Coexpression der PFE-EchA-Loop-Chimäre und verschiedener Chaperone bei 20°C. 1: vor Induktion; 2: unlösliches Protein 22 h nach Induktion; 3: lösliches Protein 22 h nach Induktion.

Die Resultate der Coexpression waren für alle Chimären ähnlich. Dieses Resultat zeigt, dass die Effektivität der Faltungshilfe durch die Chaperone weniger davon abhängt, wo im Enzym ein Austausch stattfindet, sondern mehr von der Natur des jeweiligen Zielproteins beeinflusst wird.

Anschließend wurden die Chimären mit Hilfe des Chaperone-Plasmides pG-Tf2, welches die Chaperone GroEL, GroES und den trigger factor codiert, im präparativen Maßstab hergestellt und via Metallaffinitätschromatographie aufgereinigt (beispielhaft dargestellt in Abbildung 3.12).

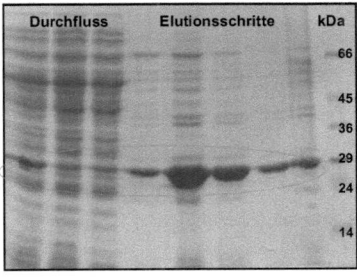

Abbildung 3.12: SDS-Gel zur Untersuchung der Qualität der Aufreinigung der PFE-EchA-Loop-Chimäre (orange eingekreist).

Die Aufreinigung erfolgte über die spezifische Bindung eines C-terminalen Polyhistidin-*tags* an immobilisierte Ni^{2+} - Ionen. Nach Auswaschen ungebundenen Proteins wurde das Zielprotein mittels Imidazol eluiert und anschließend über Größenausschlusschromatographie entsalzt. Aus einem Liter Kulturlösung konnte ungefähr zehn Milligramm aufgereinigtes und entsalztes Enzym gewonnen werden. Das Enzym wurde 1:1 mit Glycerin verdünnt und bei -20°C gelagert.

3.1.1.3.3 Biokatalyse

Um zu untersuchen, ob eine oder mehrere der hergestellten Chimäre Epoxidhydrolaseaktivität besitzen, wurden biokatalytische Ansätze untersucht. In einer typischen Reaktion wurde eine Substratkonzentration von 200 µM verwendet. Der Grund für die niedrige Konzentration ist, dass p-Nitrostyroloxid einer leichten Autohydrolyse unterliegt (~ 0,5%/h). Benutzte man höhere Substratkonzentrationen, stiege allein durch die Spontanreaktion automatisch die Produktbildung. Dies wiederum erschwerte die Unterscheidung zwischen Autohydrolyse und einer schwachen enzymatisch katalysierten Reaktion. Durch die Verwendung niedrigerer Substratkonzentration kommt es zu geringerer spontaner Produktbildung, was es erlaubt, die Reaktionszeit zu verlängern und somit auch geringere spezifische Aktivitäten zu detektieren. Natürlich besteht das Risiko, dass die eingestellte Konzentration sehr viel geringer ist als der K_M-Wert eines möglichen neu generierten Enzyms gegenüber p-Nitrostyroloxid. In diesem Fall wäre die Bindung des Epoxids im aktiven Zentrum sehr schwach und es käme möglicherweise zu keinem oder nur zu einem sehr geringen Umsatz. Trotzdem wurde die Reaktion wie oben beschrieben durchgeführt, da die Detektion kleinster Aktivitäten bis in den µU/mg-Bereich als wichtiger eingestuft wurde, als eine mögliche zu niedrige Substratsättigung.

Alle drei Chimären wurden auf diese Weise untersucht und mit der Autohydrolyse verglichen. Weiterhin wurden Ansätze mit den Chimären gemacht, die ausgehend vom Wildtyp hergestellt wurden. Sie enthalten weder das katalytische Aspartat noch die Tyrosine und sollten daher katalytisch inaktiv gegenüber Epoxiden sein. Für Mutanten, die die EchA cap-Domäne bzw. die EchA α-4-Helix enthalten, konnten keine Aktivitäten über dem Hintergrund (Autohydrolyse oder PFE(WT)-EchA-Chimären) detektiert werden. Die einzige Mutante, bei der es zu einer signifikant höheren Produktbildung kam als bei den Kontrollreaktionen, war jene, die den Loop der EchA enthielt (Abbildung 3.13).

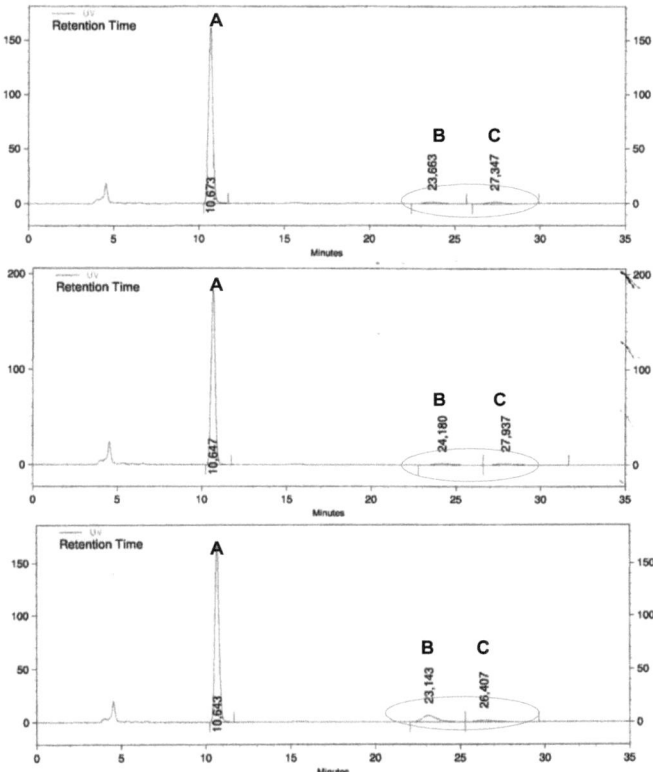

Abbildung 3.13: Chromatogramme zur Messung der Aktivität der **PFE-EchA-Loop**-Chimäre gegenüber (R,S)-p-Nitrostyroloxid (**A**). **B**: (R)-p-Nitrophenylethandiol; **C**: (S)-p-Nitrophenylethandiol; **Oben:** Autohydrolyse; **Mitte:** PFE(WT)-EchA-Loop-Chimäre; **Unten:** PFE-EchA-Loop.

Die Reaktion erfolgte enantioselektiv, was wiederum einen wichtigen Beweis liefert, dass es sich um eine enzymatische Reaktion und nicht um ein Artefakt handelt. Es kann weiterhin ausgeschlossen werden, dass es sich um die oben beschriebene E. coli-Hintergrundreaktion handelt, denn diese verlief (S)-selektiv während hier das (R)-Enantiomer bevorzugt wurde. Um höhere Umsätze in einem vernünftigen Zeitfenster zu verfolgen und somit das Enzym besser zu charakterisieren, wurde im folgenden Versuch mehr Enzym und weniger Substrat (50 µM) für die Reaktion eingesetzt. Der Zeitverlauf der Reaktion zeigt zu Beginn einen relativ schnellen Umsatz, der dann sehr stark abflacht (Abbildung 3.14). Der Grund dafür ist die hohe Enantioselektivität. Das (R)-Enantiomer wird schnell hydrolysiert, wobei das (S)-Enantiomer fast unberührt bleibt. Erst, wenn das erste Enantiomer umgesetzt ist, wird das zweite hydrolysiert.

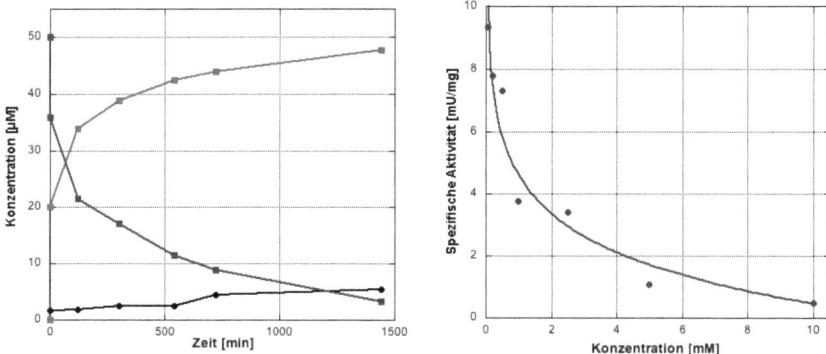

Abbildung 3.14: Links: Zeitverlauf für die Hydrolyse von *p*-Nitrostyroloxid katalysiert durch die PFE-EchA-Loop-Chimäre. Blau: *p*-Nitrostyroloxid; rot: *p*-Nitrophenylethandiol; schwarz: autohydrolytisch entstehendes *p*-Nitrophenylethandiol. **Rechts:** Abhängigkeit der Aktivität von der Substratkonzentration.

Ausgehend von diesen Messungen wurde die Anfangsaktivität auf 9 mU/mg und die Wechselzahl zu 0,01 s^{-1} bestimmt. Der E-Wert ist >100. Um die kinetischen Parameter dieser Variante zu bestimmen, wurden Ansätze mit variierender Substratkonzentration zwischen 50 µM und 10 mM untersucht. Leider zeigte das Enzym eine sehr starke Substratinhibierung schon bei sehr geringen Konzentrationen (Abbildung 3.14). Aufgrund der Detektionsgrenze der Analytik was es nicht möglich, die Konzentration noch weiter zu verringern und somit auch nicht, die gewünschten Daten zu bestimmen.

3.1.2 Einführung von Esteraseaktivität in die EchA

Da es gelang, Epoxidhydrolaseaktivität in der PFE zu erzeugen, wurde in einem weiteren Experiment versucht, Esteraseaktivität in das Gerüst der EchA zu generieren. Aufgrund der hohen strukturellen Homologie beider Enzyme und des scheinbar anspruchsloseren Mechanismus der Esterasen gegenüber den Epoxidhydrolasen schien dieses Vorhaben einfacher als das vorangegangene Experiment. Für die Esterhydrolyse benötigt das Enzym im Prinzip nur das katalytische Serin (neben den anderen zwei Partnern der katalytischen Triade, die die EchA jedoch schon enthält) für den nukleophilen Angriff sowie die Oxyanionen-Tasche zur Stabilisierung des Übergangszustandes. Die Aminosäuren der Oxyanionen-Tasche befinden sich ebenfalls bereits in der EchA, wodurch scheinbar nur die Mutation Asp107Ser essenziell ist. Da das katalytische Serin in den meisten Esterasen in ein Gly-X-Ser-X-Gly-Motiv eingebettet ist, ist eine weitere Mutation (Ala109Gly) sinnvoll, die dieses Motiv komplettiert. Folgende typische Motive befinden sich um das katalytische Nukleophil in den zu untersuchenden Enzymen:

Esterasen: Gly-X-Ser-X-Gly
PFE: Gly-Phe-Ser-Met-Gly
EchA: Gly-His-Asp-Phe-Ala.

3.1.2.1 Einführung von Esteraseaktivität in das Proteingerüst der EchA mittels rationalen Proteindesigns

Wie im ersten Projekt wurde auch hier eine Analytik benötigt, die die Messung auch sehr geringer Aktivititäten gewährleistet. Das am häufigsten verwendete Substrat zur Messung von Esteraseaktivtät ist p-Nitrophenylacetat. Um aber auch sehr geringe Aktivitäten messen zu können, ist diese Substanz aufgrund ihrer Instabilität ungeeignet. Die relativ hohe Autohydrolyse macht es, wie bei der Verwendung von Styroloxid zur Messung von Epoxidhydrolaseaktivität, schwierig, zwischen spontaner, chemischer Reaktionen und enzymatisch katalysierter Reaktion zu unterscheiden. Aus diesem Grund wurde Methylacetat als Modelsubstrat verwendet. Methylacetat zeigt beinahe keine Autohydrolyse und erlaubt die Messung mittels GC. Weiterhin ist es möglich, mit dieser Methode ebenfalls die Reaktionsprodukte Methanol und Acetat zu messen, was eine genaue Quantifizierung ermöglicht. Ein weiterer Vorteil ist die einfache Probenaufbereitung. Die Verwendung einer wasserresistenten Säule erlaubt es, die Probe nach Filtration (zur Abtrennung des Proteins) direkt in die Säule zu injizieren.

Wie schon erwähnt, scheint die Umwandlung des Epoxidhydrolasemechanismus in einen Esterasemechanismus nur durch die Substitution des katalytischen Nukleophils Asp107Ser und einer zweiten Mutation (Ala109Gly), um das Gly-X-Ser-X-Gly-Motiv herzustellen, möglich zu sein. Diese Mutante wurde mittels positionsgerichteter Mutagenese hergestellt, exprimiert, aufgereinigt und auf Esteraseaktivität gegenüber p-Nitrophenylacetat und Methylacetat hin untersucht. Leider zeigte diese Mutante keine Aktivität und gibt damit einen weiteren Beweis dafür, dass der Austausch der offensichtlich am Mechanismus beteiligten Aminosäuren nicht ausreicht, um eine neue Aktivität zu generieren.

3.1.2.2 Theoretische Überlegungen

Da nicht klar ersichtlich ist, warum diese Variante nicht aktiv war, wurde der Übergangszustand mit Methylacetat als Substrat mit dem Programm Yasara wie in Kapitel 6.7 beschrieben, modelliert und dessen Energie minimiert. Weiterhin erfolgte eine moleküldynamische Berechnung über einen Zeitraum von 500 ps. Die Wasserstoffbrücken zwischen dem Sauerstoffatom des Oxyanions und den Wasserstoffatomen zweier Iminogruppen in der Oxyanionen-Tasche waren hierbei nicht stabil, ein Kriterium, das für eine produktive Hydrolyse erfüllt sein muss (Abbildung 3.19). Diese Berechnung liefert einen Hinweis für die Inaktivität des Enzyms und gibt einen Ansatzpunkt für weitere Untersuchungen.

Um weiter zu untersuchen, welche Schlüsselaminosäuren möglicherweise in der Struktur der EchA fehlen und welche in der Lage wären, den fehlerhaften Grundzustand des Enzyms zu reparieren und somit Esteraseaktivität zu gewährleisteten, wurde die Software 3DM verwendet. Dieses Programm kreiert strukturbasierte Sequenzvergleiche, die aufgrund ihrer Größe als repräsentativ für eine bestimmte Enzymklasse angesehen werden können (Details über 3DM siehe Kapitel 1.1.2). In dem Sequenzvergleich, der in diesem Projekt verwendet wurde, befinden sich ungefähr 2.800 verschiedene Sequenzen, welche sich aus Esterasen, Epoxidhydrolasen und Dehalogenasen zusammensetzen. 198 von 294 Aminosäuren der EchA (67%) sind in diesem Vergleich enthalten. Für alle Aminosäuren wird vom Programm eine Korrelationskarte hergestellt (Abbildungen 3.15-3.18). Diese Karte zeigt, welche Aminosäuren auf einer bestimmten Position im Enzym mit welchen Aminosäuren auf einer anderen Position im Enzym korrelieren. Man kann beispielsweise bestimmen, welche Aminosäure am häufigsten an der Position 1 vorkommt, wenn an Position 2 ein Serin sitzt. Mit Hilfe dieses Systems wurde analysiert welche Aminosäuren am häufigsten auf den Position 1-198 vorkommen, wenn an der Position 83 (= Position des katalytischen Nukleophils) ein Serin sitzt, es sich also um eine Esterase handelt, bzw. ein Aspartat (entspricht einer Epoxidhydrolase/Dehalogenase). Dieses Protokoll sollte es erlauben, Schlüsselaminosäuren, die essentiell für die einzelnen Aktivitäten sind zu identifizieren, jedoch nicht auf den ersten Blick bei einer Strukturanalyse zu erkennen sind. Die Aminosäurekorrelationen wurden in vier Muster eingeteilt (Abbildungen 3.15-3.18). Die Ziffern geben an, zu welchem Anteil vom Gesamtalignment (in %) dieses Aminosäurepaar an den jeweiligen Positionen vorkommt. Ein Wert von 10 heißt also beispielsweise, dass dieses Aminosäurepaar in 10% der enthaltenen Sequenzen an diesen Positionen vorkommt. Werte >10 werden größer und fetter dargestellt und wurden hier als relevante Korrelation angesehen.

1. Keine offensichtliche Korrelation (Abbildung 3.15)
Da es keine Korrelation zwischen dem katalytischen Nukleophil und der Position 1 gibt, handelt es sich um eine unkritische Position des Enzyms. Während der natürlichen Evolution wurde diese Position sehr häufig variiert, ohne größere Auswirkung auf die Stabilität oder die Art der Aktivität zu haben. Positionen mit diesem Korrelationsmuster können als unwichtig für eine Mutation eingestuft werden.

3.1 Ergebnisse – Einfügen neuer Aktivitäten in Proteingerüste mit α/β-Hydrolasefaltung

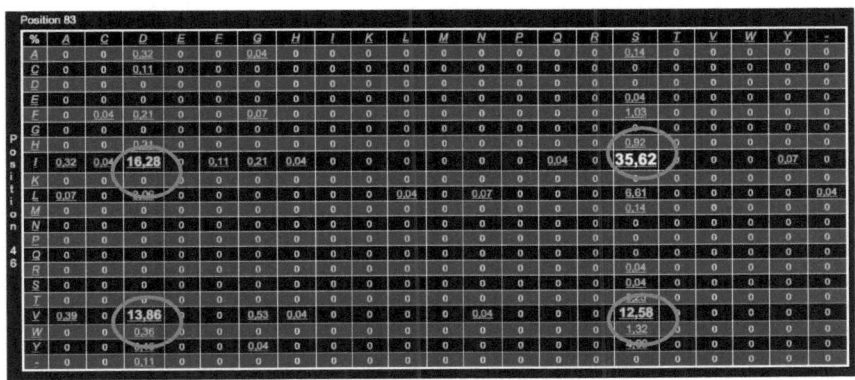

Abbildung 3.15: Korrelationen zwischen den Aminosäureverteilungen auf den Positionen 1 und 83. Es sind keine bemerkenswerten Korrelationen zu erkennen.

2. Identische Korrelation in Esterasen und Epoxidhydrolasen/Dehalogenasen (Abbildung 3.16).

Die hohe Konservierung der Aminosäuren Isoleucin oder Valin an Position 46, egal welche Enzymklasse man betrachtet, lässt auf seine wichtige Rolle für die Stabilität des Proteingerüstes schließen. Diese Position wäre kritisch zu mutieren, da dies wahrscheinlich negative Auswirkung auf die Gesamtstruktur hätte. Da es aber keine Korrelationsunterschiede zwischen den Enzymklassen gibt, ist eine Mutation an diesen Positionen nicht nötig.

Abbildung 3.16: Korrelationen zwischen den Aminosäureverteilungen auf den Positionen 46 und 83. Sowohl das Serin als auch das Aspartat auf Position 83 korrelieren mit Isoleucin oder Valin auf Position 46.

3. Verschiedene Korrelationen zwischen Esterasen und Epoxidhydrolasen (zwei Möglichkeiten) (Abbildung 3.17)

Welche Aminosäure an der Position 29 sitzt, ist stark abhängig von der Art des katalytischen Nukleophils. In Esterasen sind die an Position 29 am häufigsten vorkommenden Aminosäuren ein Serin oder ein Alanin, in Epoxidhydrolasen/Dehalogenasen hingegen erscheint zumeist ein Serin oder Tryptophan. Da die EchA an dieser Stelle kein Serin, sondern ein Tryptophan trägt, sollte die Mutation Trp42Ala oder Trp42Ser in die EchA eingefügt werden (die Ziffer 29 entstammt einer von der Software geschaffenen Nummerierung (siehe Kapitel 1.1.2), die entsprechende Position in der EchA ist Position 42).

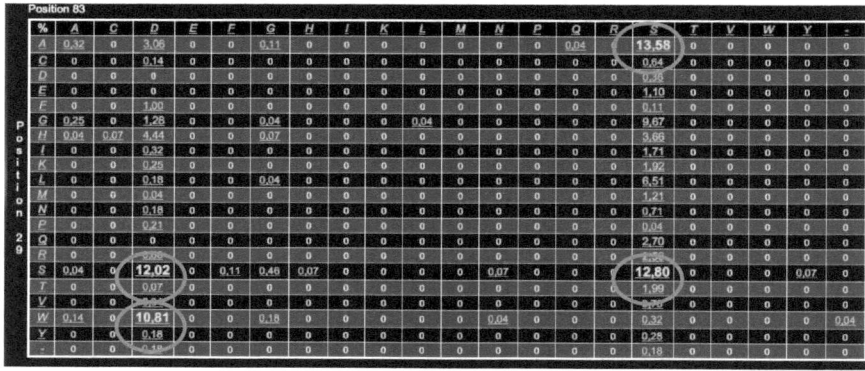

Abbildung 3.17: Korrelationen zwischen den Aminosäureverteilungen auf den Positionen 29 und 83. Während Serin auf Position 83 entweder mit einem Alanin oder einem Serin auf Position 29 korreliert, findet man vorzugsweise Serin oder Tryptophan an Position 29, wenn auf Position 83 ein Aspartat sitzt.

4. Verschiedene Korrelationen zwischen Esterasen und Epoxidhydrolasen (eine Möglichkeit) (Abbildung 3.18).

Die Korrelation zwischen den Positionen 12 und 83 sind sogar noch eindeutiger. Die am häufigsten vorkommende Aminosäure auf Position 12 ist entweder ein Lysin (in Esterasen) oder ein Valin (in Epoxidhydrolasen). Demnach muss das in der EchA vorkommene Valin durch ein Lysin ersetzt werden (Val24Lys).

3.1 Ergebnisse – Einfügen neuer Aktivitäten in Proteingerüste mit α/β-Hydrolasefaltung

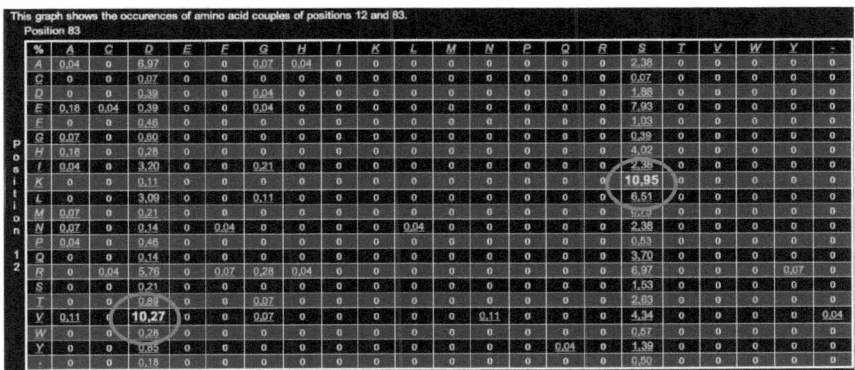

Abbildung 3.18: Korrelationen zwischen den Aminosäureverteilungen auf den Positionen 12 und 83. Während Serin auf Position 83 mit Lysin auf Position 12 korreliert, findet man hier vorzugsweise Valin, wenn auf Position 83 ein Aspartat sitzt.

Nach Analyse aller 198 Positionen wurden 14 Positionen identifiziert, die geändert werden sollten, um Esteraseaktivität in der EchA zu generieren: Val24Lys, Phe41Ser, Trp42Ser, Trp43Asp, Glu44Asn, Gln89Leu, Asp107Ser, Ala109Gly, Cys172Arg, His198Phe, Cys202Ala, Tyr214Ser, Tyr215Leu, Phe276Gly (Mutante = **M3DM**). Die Interpretation dieser Substitutionen anhand der Struktur zeigt, dass zumindest einige dieser neuen Aminosäuren Wasserstoffbrücken ausbilden könnten. Die Aminosäuren Lys24 und Asp43, die beide durch diesen Ansatz identifiziert wurden, formen eine H-Brücke, die möglicherweise hilft, die Oxyanionen-Tasche richtig zu orientieren, da ein Bindungspartner auf dem gleichen Loop wie diese liegt. Behält man im Hinterkopf, dass die unstabilen Wasserstoffbrücken während der oben beschriebenen Simulation möglicherweise verantwortlich für die fehlende Aktivität sind, könnten diese Mutationen den ungünstigen Grundzustand reparieren. Um dies zu analysieren, wurden alle 14 Mutationen virtuell in die Struktur der PFE eingefügt und erneut der Übergangszustand mit Methylacetat modelliert. Die sich anschließenden Energieminimierungen und moleküldynamischen Berechnungen wurden wie oben durchgeführt. Zum Vergleich wurde die Rechnung mit dem PFE-Wildtyp gemacht (Abbildung 3.19).

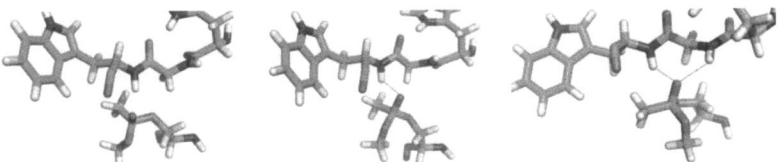

Abbildung 3.19: Strukturen von zwei EchA-Mutanten verglichen mit der der PFE nach moleküldynamischer Berechnung für 500 ps des Übergangszustandes mit Methylacetat als Substrat. **Links:** EchA (Asp107Ser, Ala109Gly); **Mitte:** M3DM; **Rechts:** PFE. Wasserstoffbrücken sind als schwarze Linien zu erkennen.

3.1 Ergebnisse – Einfügen neuer Aktivitäten in Proteingerüste mit α/β-Hydrolasefaltung

Bei den Berechnungen für die PFE blieben, im Gegensatz zu denen der Mutanten EchA (Asp107Ser, Ala109Gly) und EchA (**M3DM**) die Wasserstoffbrücken stabil. Dies zeigt, dass die Art der Berechnung im Prinzip gut funktioniert und die Mutationen möglicherweise noch nicht ausreichen, um eine Aktivität zu generieren. Trotzdem stellt die durch 3DM ermittelte Mutante zumindest im Computer eine Verbesserung dar, da zumindest eine der zwei Wasserstoffbrücken stabil blieb. Es könnte also sein, dass die durch 3DM ermittelten Mutationen zwar richtig waren, jedoch nicht ausreichten, um die H-Brücken zu stabilisieren und weitere Mutationen nötig sind. Ein Grund für dieses unzureichende Ergebnis könnte der sein, dass nur 67% der Aminosäuren in dem Alignment ausgewertet wurden. Es ist selbstverständlich möglich, dass es essentielle Aminosäureaustausche innerhalb der verbleibenden 33% gibt, die mit diesem Protokoll nicht identifiziert werden konnten. Trotz der negativen Vorhersage der Computerberechnung wurde die Mutante mittels *overlap-extension PCR* hergestellt, um zu überprüfen, ob möglicherweise die eine H-Brücke ausreicht eine geringe Esteraseaktivität zu ermöglichen. Die Mutante sollte in *E. coli* hergestellt werden, ließ sich aber leider nur in *inclusion bodies* exprimieren und zeigte dementsprechend keinerlei Aktivität.

Als nächstes wäre es sicherlich sinnvoll, auch hier die Coexpression mit Chaperonen zu untersuchen. Ein weiterer Ansatz wäre das schrittweise Rückmutieren der einzelnen Positionen, um Aminosäureaustausche, die kritisch für die Integrität der Proteinstruktur sind, außen vor zu lassen. Zudem biete das Programm FoldX eine Möglichkeit, energetisch kritische Substitutionen zu identifizieren. Auf diese Weise könnte man die Zahl nötiger Rückmutationen einschränken.

3.2 Entwicklung eines Konzeptes für die fokussierte, gerichtete Evolution unter Ausnutzung neutraler, genetischer Drift

Neutrale, genetische Drift beschreibt ein Prinzip der gerichteten Evolution, bei welchem nach einer Mutagenese zuerst Enzymvarianten angereichert werden, die einen neutralen oder besseren Phänotypen in Bezug auf die Primärfunktion (Aktivität oder korrekte Faltung) des Proteins zeigen. Nachfolgend wird dieser kleinere Pool nach Varianten durchsucht, die auch positive Eigenschaften gegenüber einer Sekundärfunktion (z.b. Substratpromiskuität) zeigen (siehe Kapitel 1.1.1).

In diesem Teilprojekt sollte eine Methode für die fokussierte, gerichtete Evolution etabliert werden, mit welcher der Schritt dieser Vorselektion neutraler Mutationen *in silico* durchführbar ist. Nachfolgend sollten einige Fallbeispiele die Effizienz dieser Methode zur Bearbeitung verschiedener Fragestellungen des Protein-Engineerings durchgeführt werden.

Aus der Doktorarbeit von Konstanze Stiba war bekannt, dass die Mutation Phe13Pro in der PFE einen negativen Einfluss auf die Proteinintegrität hat. Diese Variante lässt sich nicht mehr löslich exprimieren und zeigt demzufolge auch keine Esteraseaktivtät mehr[155]. Dass es sich bei der Position 13 nicht generell um eine kritische Position handelt, konnte durch Einfügen eines Tyrosins gezeigt werden. Diese Mutante ließ sich sehr gut löslich exprimieren und zeigte eine Aktivität vergleichbar mit der des Wildtyps. Betrachtet man sich die Aminosäureverteilung an dieser Position (Nr. 11 in 3DM) (Abbildung 3.20) kann man eine deutliche Einteilung in häufige (oder erlaubte) und seltene (verbotene) Aminosäuren vornehmen.

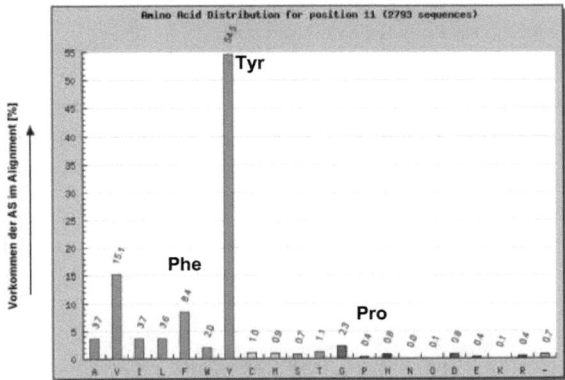

Abbildung 3.20: Aminosäureverteilung in ca. 2.800 Proteinen mit α/β-Hydrolasenfaltung an der Position 13 (Nummer basierend auf PFE, 3DM-Nummer = 11). Die Farben richten sich nach den Aminosäureeigenschaften und sind vom Programm 3DM voreingestellt.

3.2 Entwicklung eines Konzeptes für die fokussierte, gerichtete Evolution

Es kommen an dieser Position fast ausschließlich hydrophobe und aromatische Aminosäuren vor. Tyrosin kann demzufolge als eine „erlaubte" Aminosäure an der Position 13 definiert werden, während Prolin als „verboten" einzustufen ist.
Es wurde angenommen, dass für es für die meisten Positionen in einem Enzym Aminosäuren gibt, die sich entweder neutral bzw. positiv auf dessen Faltung oder/und Aktivität auswirken und solche, die sich negativ auswirken. Unter Ausnutzung der Informationen eines struktur-basierten multiplen Sequenzalignments (3DM) sollte man so für alle Positionen Aminosäuren bestimmen können, die entwer „erlaubt" oder „verboten" sind. Das schließt Positionen ein, die für bestimmte Proteineigenschaften von wichtiger Funktion sind. Durch die Vorauswahl von nur erlaubten Aminosäuren an solchen effektiven Positionen und nachfolgender Herstellung einer Bibliothek, würde der Screeningaufwand verringert und die Chance, Varianten mit verbesserten Eigenschaften zu finden erhöht werden. In den folgenden drei Kapiteln wurde das Prinzip der *in silico* durchgeführten neutralen, genetischen Drift an drei Fallbeispielen untersucht. Es wurden bewusst drei unterschiedliche Enzymeigenschaften (Thermostabilität, Enantioselektivität und Substratspezifität) untersucht, um die breite Anwendbarkeit der Methode zu analysieren.

3.2.1 Anwendung des Konzeptes auf die Thermostabilisierung der PFE

In Kapitel 1.1 wurde die Methode B-FIT als eine iterative Sättigungsmutagenese beschrieben[54]. Hierbei werden die flexibelsten Reste eines Enzyms meist durch alle weiteren 19 Aminosäuren ausgetauscht und die Wirkung auf die Stabilität untersucht. Die angenommene Flexibilität wird mit Hilfe des B-Faktors angegeben.
Die B-Faktoren aller Aminosäuren wurden nacheinander für alle sechs Ketten der PFE mit Hilfe des Programms B-Fitter[115] extrahiert und deren Mittelwerte der Größe nach geordnet (Tabelle 3.3). Überraschend ist, dass die Unterschiede zwischen den Ketten signifikant sind. Zwar haben die meisten der gezeigten Aminosäuren in allen Ketten einen hohen B-Faktor, aber es gibt große Ausnahmen, die zu einem komplett anderen Ergebnis führen würden, zöge man nur eine Kette in Betracht. Beispielsweise befindet sich Lys167 in fünf der sechs Ketten unter den vier flexibelsten Aminosäuren, während es in Kette 6 nur auf dem 18. Rang liegt. Durch Mittelung der B-Faktoren über die sechs Ketten werden diese Ausnahmen aber berücksichtigt.

3.2 Entwicklung eines Konzeptes für die fokussierte, gerichtete Evolution

Tabelle 3.3: Mittels B-Fitter identifizierte flexible Aminosäuren der PFE, sowie deren über die sechs Ketten gemittelter B-Faktor.

Aminosäure	Mittelwert B-Faktor
R271	35,8
K270	31,9
K167	30,9
R142	30,7
E81	29,6
E87	28,6
K239	28,3
E236	28,1
K86	28,0
K6	27,6

Wie erwartet finden sich unter den flexibelsten Resten nur große Aminosäuren wie Lysin und Glutaminsäure. Alle diese identifizierten Aminosäuren sind auf der Oberfläche der PFE positioniert.

Aus den in Tabelle 3.3 gezeigten Aminosäuren wurden die Positionen 81, 86 und 87 für eine Sättigungsmutagenese ausgewählt, weil es sich hierbei um drei sequenziell dicht nebeneinander liegende Aminosäuren handelt. Dies macht kooperative Effekte von Mutationen wahrscheinlicher, da sich die Reste leichter gegenseitig beeinflussen können, als wären sie weit von einander entfernt, und erleichtert zudem die Herstellung der Mutantenbibliothek.

Zuerst wurden die Aminosäureverteilungen auf allen drei Positionen, unter Zuhilfenahme des in Kapitel 1.1.2 näher beschriebenen Computerprogramms 3DM, bestimmt. Zwei der untersuchten Positionen (81 und 87) befinden sich hierbei im *core* des Strukturvergleiches (Erklärung, siehe Kapitel 1.1.2), sind also über die komplette Anzahl der 2.800 Sequenzen strukturell konserviert. Demzufolge wird hierzu eine Aminosäureverteilung vom Computer berechnet (Abbildung 3.21). Die Position 86 befindet sich jedoch nicht im *core*, sondern in einer eher variablen Region, die sich zwischen den verschiedenen Sequenzen unterscheidet. Um eine Aminosäureverteilung an dieser Stelle zu ermitteln, wurden ausschließlich solche Sequenzen in Betracht gezogen, die sich in einer Subfamilie mit der PFE befinden und demnach dieser relativ ähnlich sind. Die Wahrscheinlichkeit, dass sich die Position 86 der PFE auch in den anderen Sequenzen an strukturell gleicher Position befindet, ist somit größer, als zöge man das komplette Alignment in Betracht. Die Aminosäureverteilung an Stelle 86 wurde manuell aus 238 Vertretern der PFE-Subfamilie ermittelt (Abbildung 3.21).

3.2 Entwicklung eines Konzeptes für die fokussierte, gerichtete Evolution

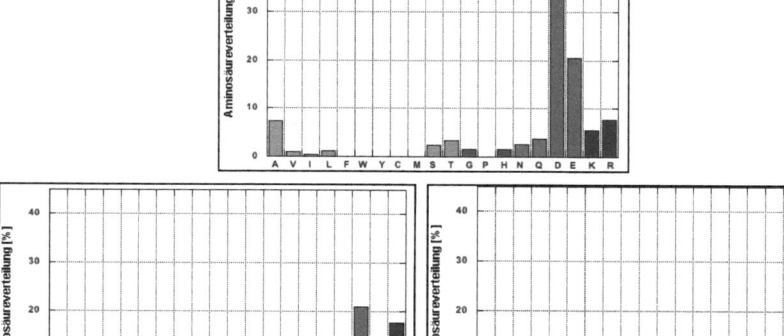

Abbildung 3.21: Aminosäureverteilungen an den Positionen 81 (oben), 86 (unten, links) und 87 (unten, rechts). Die Verteilungen an den Positionen 81 und 87 basieren auf ca. 2.800 verschiedenen Sequenzen, die der Position 86 nur auf 238 Mitgliedern der PFE-Subfamilie.

An allen der untersuchten Positionen sind vor allem hydrophile Aminosäuren vorrangig, während hydrophobe fast nicht vorkommen. Dies hängt wahrscheinlich mit deren Lage auf der Oberfläche des Enzyms zusammen, wo sie für eine gute Löslichkeit des Proteins im wässrigen Milieu sorgen.

Anhand der in Abbildung 3.21 gezeigten Verteilungen wurde eine Einteilung der Aminosäuren in „erlaubt" und „verboten" vorgenommen. Als Kriterium wurde hierbei das Vorhandensein eines Restes in mindestens 2% der vorliegenden Sequenzen definiert, d.h., ≥ 2% = erlaubt, < 2% = verboten (Tabelle 3.3). Nachfolgend wurden Codons abgeleitet, die nach Möglichkeit nur „erlaubte" Aminosäuren verschlüsseln und als Kontrolle solche die möglichst nur „verbotene" Aminosäuren codieren (Tabelle 3.4).

Die Codons wurde so gewählt, dass möglichst keine „verbotenen" Aminosäuren in der Bibliothek auftauchten, die nur „erlaubte" Aminosäuren enthalten sollte und umgekehrt. Um genau dies zu verhindern, wurde lieber darauf verzichtet, dass alle „erlaubten" Aminosäuren in dieser Bibliothek auftauchten. Trotzdem kodiert das Codon RRM auch Glycin und inkorporierte dieses somit an die Position 81 in die Bibliothek, die nur „erlaubte" Aminosäuren enthalten sollte (Bibliothek **A** für *allowed*). Weiterhin kodiert das Codon KKB ebenfalls Glycin und somit wurde dieses auch an den Positionen 86 und 87 in die Bibliothek eingefügt, die nur „verbotene" Aminosäuren enthalten sollte (**NA** für *not allowed*). Bis auf diese

Ausnahme konnten aber Codons gefunden werden, die nur „erlaubte" bzw. nur „verbotene" Aminosäuren codieren und gleichzeitig möglichst viele der jeweiligen Sorte abdecken.

Tabelle 3.4: Einteilung der Aminosäuren an den Position 81, 86 und 87 in „erlaubte" und „verbotene" Aminosäuren anhand ihrer Präsenz in den verglichenen Sequenzen (> 2% = erlaubt, < 2% = verboten). Weiterhin sind die entsprechenden Codons angegeben sowie die Reste, die sie kodieren.

	„Erlaubte" Aminosäuren	„Verbotene" Aminosäuren
Position 81		
Im Alignment	A, S, T, N, Q, D, E, K, R	V, I, L, F, W, Y, C, M, G, P, H
Codon	RRM	KKB
In der Bibliothek	G, S, N, D, E, K, R	V, L, F, W, C, G
Position 86		
Im Alignment	A, G, S, T, H, Q, D, E, K, R	V, I, L, F, W, Y, C, M, P, N
Codon	RRM	KKB
In der Bibliothek	G, S, N, D, E, K, R	V, L, F, W, C, G
Position 87		
Im Alignment	G, P, S, T, H, N, Q, D, E, K, R	A, V, I, L, F, W, Y, C, M,
Codon	VVM	KKB
In der Bibliothek	A, P, S, T, H, N, Q, D, K, R	V, L, F, W, C, G

Anschließend wurden beide Bibliotheken mittels der $QuikChange^{TM}$-Methode hergestellt. Um die Ergebnisse mit einer herkömmlichen Sättigungsmutagenese vergleichen zu können, wurde eine weitere Bibliothek hergestellt, in welcher die drei Positionen mittels des Codons NNK variiert wurden, welches alle 20 proteinogenen Aminosäuren in 32 Codons verschlüsselt (Bibliothek **NNK**).

Nach Herstellung der Bibliothek wurde diese mittels eines Kolonienpickers von Agarplatten in Mikrotiterplatten überführt. Dabei wurde immer eine Diagonale von A01 nach H08 freigelassen, in welche später achtmal der PFE-Wildtyp gepickt wurde. Nach Kultivierung über Nacht, wurde die Proteinproduktion induziert und nach weiteren 2,5 h geerntet. Der fertige Proteinextrakt wurde einmal verdünnt und auf zwei Platten aufgeteilt (einmal 100 µl, einmal 170 µl). Die erste Platte (100 µl) wurde für 15 h bei 4°C gelagert, die andere (170 µl) mit Folie abgedeckt und bei 62°C inkubiert. Aus dieser wurden dann 100 µl in eine neue Platte überführt und sowohl in dieser als auch in der 4°C-Platte die Esteraseaktivitäten photometrisch gemessen. Als Substrat wurde p-Nitrophenylacetat verwendet, dessen Hydrolyseprodukt, p-Nitrophenol, im alkalischen Milieu stark absorbiert (λ = 410 nm). Die Thermostabilität wurde definiert als der Quotient aus der Aktivität nach der Hitzebehandlung A_r (r für *residual* oder restliche Aktivität) und der Aktivität des unbehandelten Enzyms A_i (i für *initial* oder anfängliche Aktivität). Durch Messung zweier Platten, die aus derselben Kultivierung entstammen und Berechnung der Thermostabilität über die Verhältnisse der

3.2 Entwicklung eines Konzeptes für die fokussierte, gerichtete Evolution

Aktivitäten vor und nach Hitzebehandlung entsteht eine Unabhängigkeit vom Expressionsniveau der jeweiligen Mutante. Um während der Durchmusterung der Bibliotheken Varianten mit erhöhter Thermostabilität eindeutig identifizieren zu können, musste ein Grenzwert für die Thermostabilität (A_r/A_i) definiert werden. Dazu wurde eine Platte nur mit PFE(WT) kultiviert und genauso, wie oben beschrieben, behandelt. Ausgehend von den Werten, die aus den acht Vertiefungen A01-H08 gewonnen wurden, wurde ein Grenzwert definiert, der gerade so hoch lag, dass keines der übrigen 88 hergestellten Enzyme über diesem Wert lag (Abbildung 3.22):

Grenzwert$_{Ar/Ai}$ = $\varnothing$ $A_r/A_{i(A01-H08)}$ + Standardabweichung $A_r/A_{i(A01-H08)}$ + 1,2 * $\varnothing$ $A_r/A_{i(A01-H08)}$.

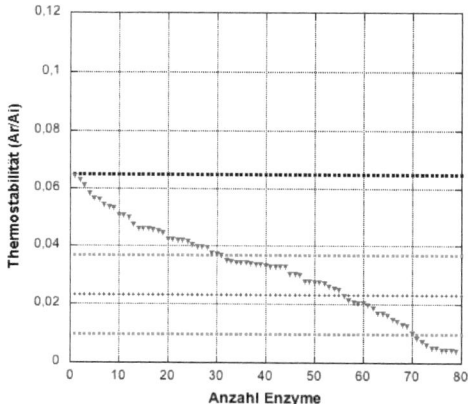

Abbildung 3.22: Verteilung der Thermostabilitäten von 80 PFE-Wildtyp-Enzymen; Schwarz: Grenzwert zur Erkennung stabilerer Varianten ($\varnothing$ $A_r/A_{i(A01-H08)}$ + Stabw $A_r/A_{i(A01-H08)}$ + 1,2 * $\varnothing$ $A_r/A_{i(A01-H08)}$); rot: Werte der Enzyme; blau: Mittelwert (A01-H08), grün: Standardabweichungen (A01-H08).

Bibliothek **A** zeigte hierbei signifikant mehr Varianten mit einer Aktivität, die vergleichbar mit der des Wildtyps war, als die Bibliothek, die alle 20 Aminosäuren an den Positionen 81, 86 und 87 beinhaltet (**NNK**) (Abbildung 3.23). Durch die Tatsache, dass sehr wenige Varianten, die „verbotene" Aminosäuren an diesen Positionen tragen, vergleichbar aktiv wie der Wildtyp war, bestätigt die eingangs gestellte Hypothese, dass Reste, die in nur wenigen natürlichen Enzymen vorkommen, negative Auswirkungen auf die Proteinintegrität oder -aktivität haben.

3.2 Entwicklung eines Konzeptes für die fokussierte, gerichtete Evolution

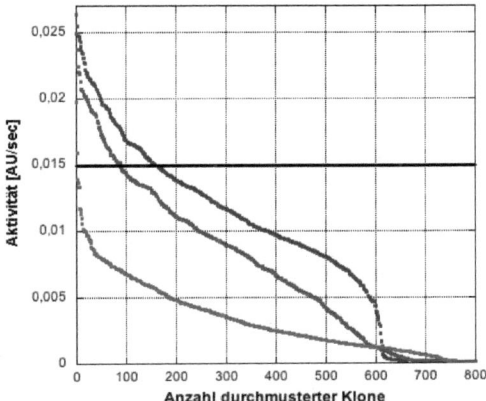

Abbildung 3.23: Verteilung der Aktivitäten in den Bibliotheken **A** (blau), **NNK** (grün) und **NA** (rot) im Vergleich zum Wildtyp (schwarz).

Die Tatsache, dass die meisten Varianten der Bibliothek **A** aktiv waren, während sehr viele der Bibliothek **NA** nicht aktiv waren, zeigt sehr deutlich, dass eine *in silico* durchgeführte neutrale, genetische Drift möglich ist. Die Verwendung von nur „erlaubten" Aminosäuren für die Sättigungsmutagenese stellt ganz klar eine signifikante Verbesserung zur Verwendung aller 20 Aminosäuren dar, weil diese natürlich „Verbotene" enthalten, die einen nicht unerheblichen Teil der Bibliothek von vornherein unbrauchbar machen. Diesen Teil kann man durch die Verwendung von nur „erlaubten" Aminosäuren von Beginn an subtrahieren und verkleinert auf diese Weise die zu durchmusternde Bibliothek bei gleichzeitiger Erhaltung der aktiven Varianten. Um dies noch weiter zu veranschaulichen, wurde die Aktivität der einzelnen Klone gegen deren Thermostabilität aufgetragen (Abbildung 3.24). Hier ist eindrucksvoll eine ganz deutliche Verschiebung der Population von vielen inaktiven in der Bibliothek **NA**, über inaktive und aktive gleichermaßen (**NNK**) zu fast ausschließlich aktiven Varianten in der Bibliothek **A** zu erkennen.

3.2 Entwicklung eines Konzeptes für die fokussierte, gerichtete Evolution

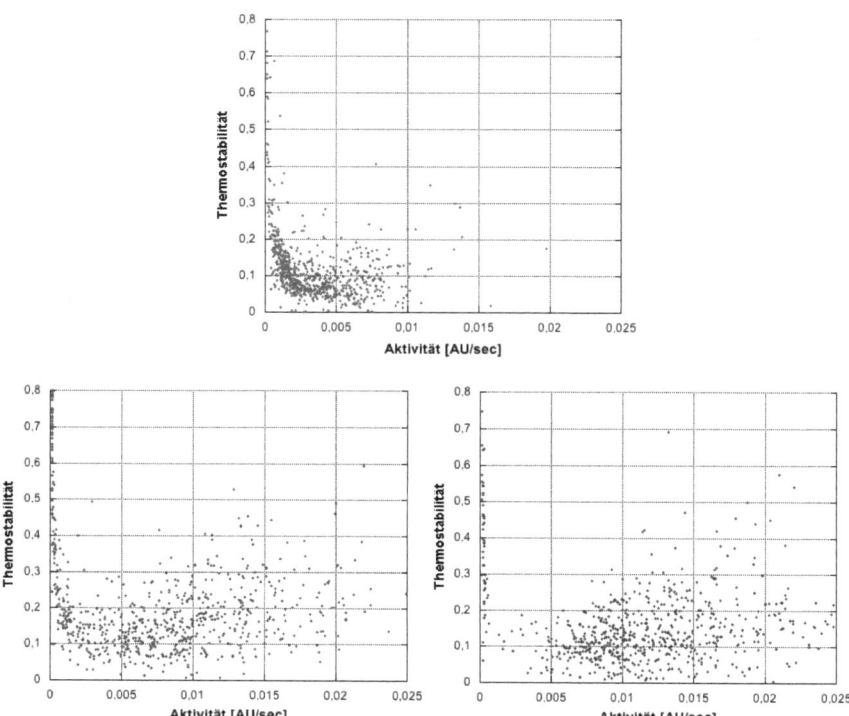

Abbildung 3.24: Aktivität gegen Thermostabilität der Varianten der drei Bibliotheken **NA** (rot), **NNK** (grün) und **A** (blau). Thermostabilität = A_r/A_i.

Was in Abbildung 3.24 nicht deutlich zu erkennen ist, ist dass auch die Anzahl der Varianten höherer Thermostabilität von links nach rechts ansteigt. In Abbildung 3.25 sind daher die Thermostabilitäten der Varianten der einzelnen Bibliotheken mit der des Wildtyps verglichen. Hierbei wurden nur solche Varianten ausgewertet, die mindestens 10% der Wildtypaktivität besaßen. Der Grund dafür liegt in der Definition der Thermostabilität. Diese ergibt sich aus dem Quotienten der Aktivität nach Hitzebehandlung A_r durch die Aktivität vor Hitzebehandlung A_i. Für den optimalen Fall, dass eine Variante also in ihrer Aktivität gar nicht durch die Hitzebehandlung beeinflusst wird, ergäbe sich somit der Wert 1 für die Thermostabilität. Zeigt aber eine Variante schon vor der Hitzebehandlung eine sehr geringe oder gar keine Aktivität, wird sie durch die Hitzebehandlung natürlich ebenfalls kaum beeinflusst und suggeriert mathematisch eine hohe Thermostabilität. Oder anders gesagt: keine Aktivität durch keine Aktivität ist ebenfalls 1. Aus diesem Grund wurde wie gezeigt vorgegangen. In der Bibliothek **NA** ist fast keine Variante so stabil wie der Wildtyp, während in der Bibliothek

3.2 Entwicklung eines Konzeptes für die fokussierte, gerichtete Evolution

NNK schon deutlich mehr Klone über dem Mittelwert des Wildtyps plus dessen Standardabweichung liegen. Bei der Verwendung von nur „erlaubten" Aminosäuren (Bibliothek **A**) sind jedoch noch deutlich mehr Varianten über diesem Wert als in der **NNK**-Bibliothek.

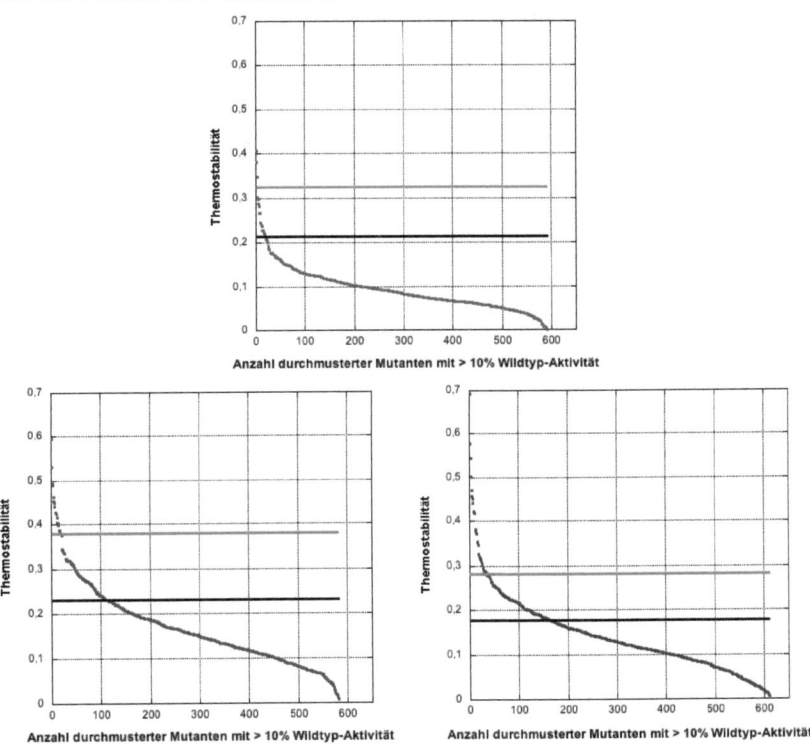

Abbildung 3.25: Verteilung der Thermostabilität der durchmusterten Varianten in den drei Bibliotheken. Thermostabilität = A_r/A_i. Schwarz: Mittelwert des Wildtyps; orange: Mittelwert + Standardabweichung des Wildtyps; Mutanten der jeweiligen Bibliothek: rot (**NA**), grün (**NNK**), blau (**A**).

Die Mittelwerte des Wildtyps sowie dessen Standardabweichung variieren leicht zwischen den einzelnen Bibliotheken. Grund dafür ist die relativ ungleiche Hitzebehandlung. Die Bibliotheken wurden nicht am selben Tag inkubiert, sondern nacheinander. Es wurde zwar immer derselbe Ofen verwendet und auch immer 15 h inkubiert, trotzdem war die Auswirkung auf die Bibliotheken nicht immer dieselbe. Da jedoch der Wildtyp in jeder der drei Bibliotheken mitinkubiert wurde, spielt dies für die Auswertung der Ergebnisse keine entscheidende Rolle. Entscheidend ist, wie viele Varianten einer Bibliothek eine höhere Thermostabilität zeigten, als der jeweilig mit inkubierte Wildtyp. Den Wert für die Thermostabilität des Wildtyps über alle drei Bibliotheken zu mitteln, würde zwar die Schwankungen herausrechnen, jedoch die Ergebnisse verfälschen. Jede Bibliothek muss mit dem jeweiligs mitinkubierten Wildtyp verglichen werden. Um die Bibliotheken in Bezug auf das Vorhandensein stabiler Enzyme vergleichen zu können, wurde die Anzahl von Varianten mit einer Thermostabilität, die der des Wildtyps plus dessen Standardabweichung entsprach auf 1.000 Mutanten normiert (Abbildung 3.26).

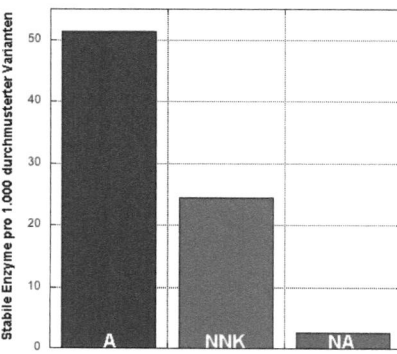

Abbildung 3.26: Anzahl stabiler Enzyme hervorgegangen aus den drei Bibliotheken **A**, **NNK** und **NA**. Definition eines stabilen Enzyms: $A_r/A_{i\,Mutante} > \varnothing\ A_r/A_{i\,Wildtyp}$ + Standardabweichung von $A_r/A_{i\,Wildtyp}$.

Die Anzahl stabiler Varianten war mehr als doppelt so groß in der Bibliothek, in welcher Aminosäuren inkorporiert wurden, die häufig in natürlichen Enzymen an diesen Positionen vorkommen, verglichen mit der Bibliothek, die alle 20 Aminosäuren beinhaltet. In der Bibliothek, welche seltene Aminosäuren an diesen Stellen trägt, wurden, wie schon aus Abbildung 3.24 und 3.25 zu erkennen war, fast keine stabilen Mutanten identifiziert.

In der Bibliothek **A** sind deutlich mehr stabile Varianten zu finden als in den Bibliotheken **NNK** und **NA**. Da statistisch bei einer Normalverteilung schon 16% der gemessenen Werte über der Standardabweichung liegen, wurde der oben definierte Grenzwert verwendet, der es möglich macht, eindeutig Varianten zu identifizieren, die stabiler sind als der Wildtyp (Abbildung 3.27).

3.2 Entwicklung eines Konzeptes für die fokussierte, gerichtete Evolution

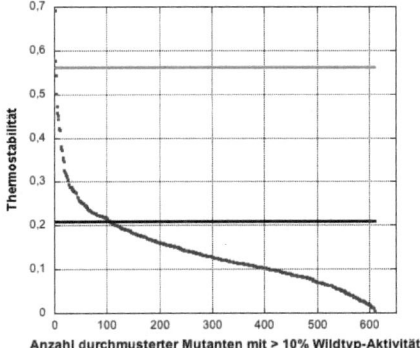

Abbildung 3.27: Verteilung der Thermostabilität der durchmusterten Varianten in der Bibliothek **A**. Thermostabilität = A_r/A_i. Schwarz: Mittelwert des Wildtyps; orange: Grenzwert zur Erkennung stabilerer Varianten ($\varnothing\ A_r/A_{i(A01-H08)}$ + Stabw $A_r/A_{i(A01-H08)}$+1,2 * $\varnothing A_r/A_{i(A01-H08)}$) blau: Mutanten der Bibliothek.

Durch die Definition dieses relativ strikten Grenzwertes konnte nur in der Bibliothek **A** eindeutig ein Hit identifiziert werden. Dieser wurde nachfolgend auf seine Stabilität und kinetischen Parameter untersucht. Dazu wurde dieser sequenziert, exprimiert und über Metallaffinitätschromatographie aufgereinigt. Anschließend wurden von dieser Mutante (E81N, K86R, E87D) und vom PFE-Wildtyp Schmelzkurven aufgenommen und ihre T_{50}^{60} - Werte bestimmt (Abbildung 3.29). Der T_{50}^{60} - Wert gibt an, bei welcher Temperatur ein Enzym nach einer Stunde Inkubation noch 50% seiner Anfangsaktivität besitzt. Für die PFE wurde dieser auf 63,2°C bestimmt (Abbildung 3.28)

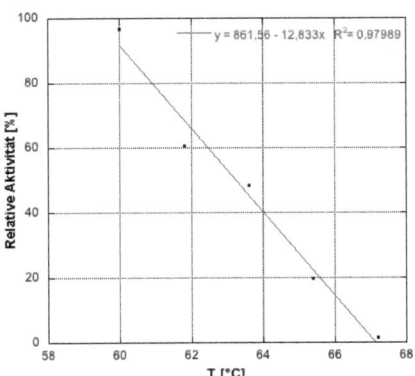

Abbildung 3.28: Bestimmung des T_{50}^{60} – Wertes für die PFE (WT)

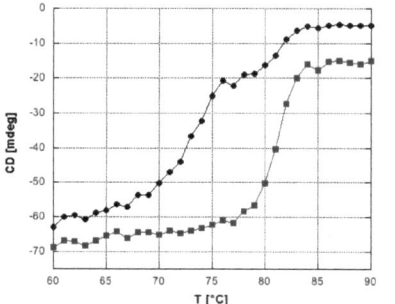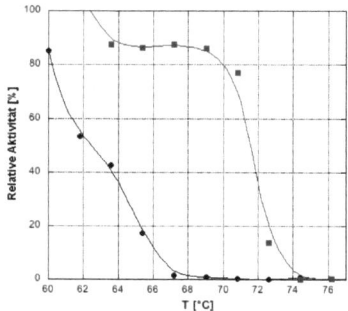

Abbildung 3.29: Schmelzkurven (links), sowie Abhängigkeit der Enzymaktivität von der Temperatur (rechts) während der Hitzeinaktivierung der besten Mutante E81N, K86R, E87D (blau), sowie des PFE-Wildtyps (schwarz).

Sowohl der Schmelzpunkt T_M als auch der T_{50}^{60}-Wert der Mutante sind ca. 8°C höher als der des Wildtypenzyms (Tabelle 3.4). Diese starke Verbesserung der Stabilität legt die Vermutung nahe, dass sich in der Bibliothek weitere Varianten befinden, die stabiler sind als der Wildtyp, die aber durch die Definition des relativ hohen Grenzwertes verloren gingen. Auch der Einfluss der Mutationen auf die Enzymeffizienz wurde untersucht. Dazu wurden sowohl K_M- als auch V_{max}-Werte beider Enzyme gegenüber p-Nitrophenylacetat bestimmt. Diese sind zusammen mit den Schmelzkurven und den T_{50}^{60}-Werten in Tabelle 3.5 angegeben.

Tabelle 3.5: Parameter der Thermostabilität (T_{50}^{60}, T_M) und kinetische Parameter der PFE, sowie der besten aus dem Screening identifizierten Mutante

Enzym	T_{50}^{60} [°C]	T_M [°C]	k_M [M]	k_{cat} [s^{-1}]	k_{cat}/k_M [s^{-1}M^{-1}]
PFE	63	73	$1{,}61 \cdot 10^{-4}$	183	$1{,}14 \cdot 10^6$
PFE (E81N, K86R, E87D)	71	81	$1{,}47 \cdot 10^{-4}$	146	$9{,}90 \cdot 10^5$

Die erhöhte Thermostabilität hat so gut wie keinen Einfluss auf die katalytische Effizienz des Enzyms. Sowohl die K_M-Werte, als auch die V_{max}-Werte und entsprechend deren Quotienten unterscheiden sich kaum voneinander.

3.3.2 Anwendung des Konzeptes zur Veränderung der Enantioselektivität

Wie in Kapitel 1.2.3 beschrieben konnte die Enantioselektivität der PFE gegenüber Estern chiraler Säuren mittels Sättigungsmutagenese verbessert werden. Der aufeinander folgende Austausch von vier Aminosäuren durch alle anderen 19 Aminosäuren brachte jeweils eine unterschiedliche Anzahl aktiver und nicht aktiver Variante hervor[161]. In Anbetracht der

3.2 Entwicklung eines Konzeptes für die fokussierte, gerichtete Evolution

Ergebnisse aus Kapitel 3.3.1.1 wurde angenommen, dass es sich bei solchen Varianten, die nicht aktiv waren um nicht erlaubte Aminosäureaustausche handelt. Um die oben gezeigte Methode zur Thermostabilisierung auch auf ihre Anwendbarkeit zur Veränderung der Enantioselektivität zu testen, wurden von diesen vier Positionen in der PFE die Aminosäureverteilungen bestimmt. Dazu wurden aus dem oben verwendeten Alignment, welches neben Esterasen auch Epoxidhydrolasen und Dehalogenasen enthält, Esterasen herausgefiltert. Die zu mutierenden Aminosäuren liegen im aktiven Zentrum und sind damit direkt an der Substratbindung beteiligt. Es sollten nur solche Reste berücksichtigt werden, die wichtig für die Esterhydrolyse sind. Das kreierte Esterasealignment beinhaltete 1751 Sequenzen. Die Positionen 28 und 198 liegen hierbei im *core* des Alignments. Die Aminosäureverteilung an diesen Positionen wird daher direkt von der *Software* aus allen 1751 Sequenzen ermittelt. Die Positionen 121 und 225 liegen nicht im *core*, weshalb die Verteilung, wie oben beschrieben, nur basierend auf den 232 Mitgliedern der Subfamilie der PFE manuell bestimmt wurde. Basierend auf den natürlichen Aminosäureverteilungen an diesen Positionen wurden wieder Codons abgeleitet, die einmal nur „erlaubte" (≥ 2%) und einmal nur „verbotene" (< 2%) Aminosäuren codieren. Die Verteilung, die Codons, sowie die von diesen kodierte Aminosäuren sind in Tabelle 3.6 angegeben.

Tabelle 3.6: Einteilung der Aminosäuren an den Positionen 28, 121, 198 und 225 in „erlaubte" und „verbotene" Aminosäuren anhand ihrer Präsenz in den verglichenen Sequenzen (≥2% = erlaubt, <2% = verboten). Weiterhin sind die entsprechenden Codons angegeben, sowie die Reste, die sie kodieren.

	Erlaubte Aminosäuren	Verbotene Aminosäuren
Position 28		
Im Alignment	A, V, I, L, F, W, Y, S, T, G, N, K	C, M, P, H, Q, D, E, R
Codon	KBS	SVM
In der Bibliothek	A, V, L, F, W, S, G, C	A, P, H, Q, D, E, R,
Position 121		
Im Alignment	A, V, I, L, S, T, G, P, N	F, W, Y, C, M, H, Q, D, E, K, R
Codon	RBC	BRK
In der Bibliothek	A, V, I, S, T, G	W, Y, G, C, H, Q, D, E, R, **stop**
Position 198		
Im Alignment	A, V, I, L, F, W, Y, M, T, G, P, N	C, S, H, Q, D, E, K, R
Codon	KKK	VRM
In der Bibliothek	V, L, F, W, G, C	S, H, Q, D, E, K, R
Position 225		
Im Alignment	A, V, I, L, C, M, T, P, D	F, W, Y, S, G, H, N, Q, E, K, R
Codon	DYA	BRK
In der Bibliothek	A, V, I, L, S, T,	W, Y, G, C, H, Q, D, E, R, **stop**

3.2 Entwicklung eines Konzeptes für die fokussierte, gerichtete Evolution

Auch hier wurden die Codons so gewählt, dass es möglichst zu keinen Überlappungen kommt und trotzdem so viele Aminosäuren der jeweiligen Kategorie abgedeckt sind wie möglich. Dies war jedoch aufgrund des genetischen Codes nicht immer möglich. So codiert z.B. das Codon KBS ebenfalls Cystein und inkorporiert es in die Bibliothek **A**, obwohl diese Aminosäure an dieser Position als „verboten" definiert wurde. Solche Überlappungen sind aber selten. Von größerer Bedeutung ist die Tatsache, dass das BRK-Codon für den Einbau eines Stopcodons verantwortlich ist. Statistisch wird somit in jeder zehnten Variante ein Stopcodon an die Position 121 gesetzt und wiederum in jeder zehnten an die Position 225. Somit wird bei einer Simultansättigung aller vier Positionen jedes fünfte Protein in dieser Bibliothek **NA** nur unvollständig und somit wahrscheinlich inaktiv exprimiert. Diese Tatsache musste bei der späteren Auswertung der Ergebnisse berücksichtigt werden.

Anschließend wurden alle vier Positionen simultan mutiert und somit zwei Bibliotheken kreiert. Bibliothek **A** trug an den vier Positionen der Acylbindetasche solche Aminosäuren, die häufig an diesen Positionen in natürlichen Enzymen vorkommen. Bibliothek **NA** wiederum trug solche, die nur sehr selten vorkommen. Wie in Kapitel 3.3.1.1 beschrieben, wurde eine dritte Bibliothek **NNK** erstellt, die alle 20 möglichen Aminosäuren an diesen Positionen enthielt.

Als Modellreaktion für Veränderung der Enantioselektivität des Enzyms wurde die Hydrolyse des 3-Phenylbuttersäure-*p*-Nitrophenylesters gewählt (Abbildung 3.30).

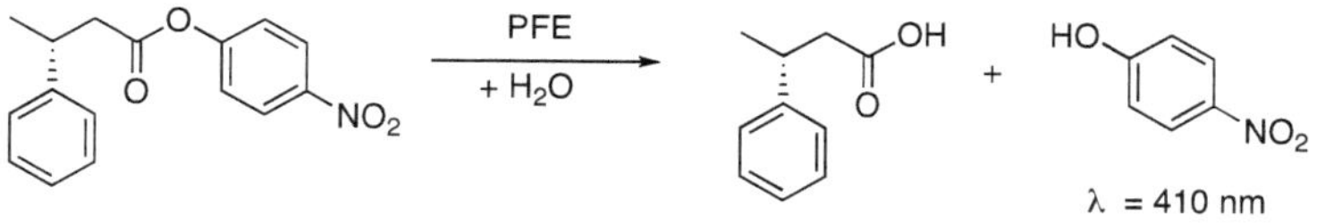

Abbildung 3.30: Reaktionsgleichung zur Hydrolyse von (*S*)-3-Phenylbuttersäure-*p*-Nitrophenylester.

Wie bei der Hydrolyse von *p*-Nitrophenylacetat wird während der Hydrolyse *p*-Nitrophenol frei, welches spektrophotometrisch gemessen werden kann. Durch die separate Bestimmung der Aktivitäten der Varianten gegenüber beiden Enantiomeren, kann deren scheinbarer E-Wert ermittelt werden. Die *p*-Nitrophenylester beider Enantiomere der 3-Phenylbuttersäure wurden synthetisiert und die Aktivität sowie die scheinbare Enantioselektivität des Wildtyps gemessen, um den Ausgangspunkt für das Screening zu definieren (Abbildung 3.31)

3.2 Entwicklung eines Konzeptes für die fokussierte, gerichtete Evolution

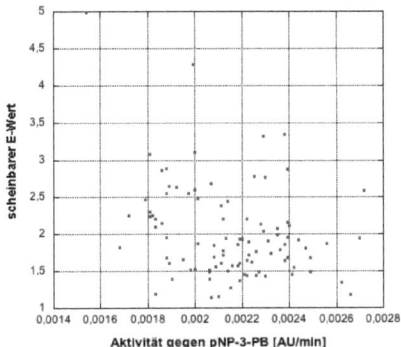

Abbildung 3.31: Aktivität und scheinbare Enantioselektivität des PFE-Wildtyps gegen pNP-3-PB. Aufgetragen wurden die Werte aus 96 verschiedenen Kultivierungen in den Vertiefungen der Mikrotiterplatte. Alle Enzyme waren (R)-selektiv.

Die PFE(WT) zeigt nur eine sehr geringe Aktivität gegenüber diesem Substrat und auch der E-Wert liegt für alle gemessenen Enzyme zwischen 1 und 5, wobei das (R)-Enantiomer favorisiert wurde. Die Werte für die Aktivität sind hier vorerst nur in Absorptionseinheiten pro Minute (AU/min) angegeben, da eine genaue Quantifizierung für nachfolgende Experimente nicht nötig war.

Anschließend wurde eine repräsentative Anzahl von Varianten durchmustert (**A**: 520, **NA**: 542, **NNK**: 515). Die genaue Durchführung des Assays ist in Kapitel 6.3.6 beschrieben. Weiterhin wurde die Aktivitätsverteilung gegenüber p-Nitrophenylacetat in den einzelnen Bibliotheken bestimmt, um zu untersuchen, wie viele Varianten jeder Bibliothek überhaupt noch Aktivität zeigten (Abbildung 3.32).

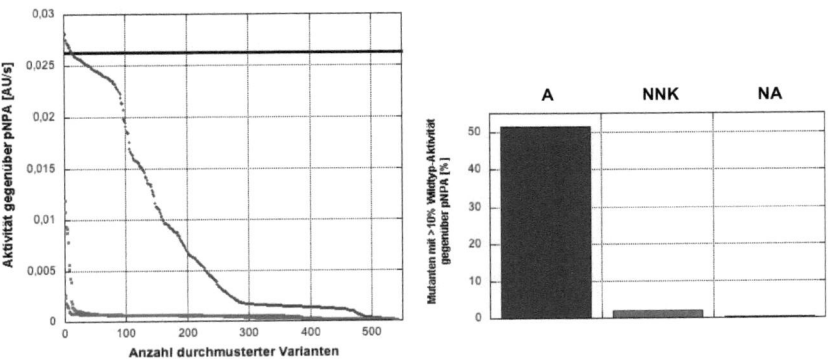

Abbildung 3.32: Links: Verteilung der Aktivitäten gegenüber p-Nitrophenylacetat in den Bibliotheken **A** (blau), **NNK**, (grün) und **NA** (rot), schwarz: Mittelwert des Wildtyps; **rechts:** Anzahl Varianten mit > 10% der Wildtyp-Aktivität aus den einzelnen Bibliotheken.

3.2 Entwicklung eines Konzeptes für die fokussierte, gerichtete Evolution

Diese Abbildungen bestätigen eindrucksvoll, dass Aminosäuren, die selten in natürlichen Enzymen an diesen Positionen vorkommen einen negativen Einfluss auf die Proteinintegrität bzw. Aktivität haben. Während mehr als die Hälfte der Varianten, die aus der Bibliothek stammen, die ausschließlich aus häufig vorkommenden Aminosäuren besteht, mehr als 10% der Wildtyp-Aktivität zeigt, sind es in der Bibliothek **NNK** gerade 2% und in der Bibliothek **NA** nur 0,2%.

Im nächsten Schritt wurden die Aktivitäten der Varianten der einzelnen Bibliotheken gegenüber dem eigentlichen Substrat 3-Phenylbuttersäure-*p*-Nitrophenylester bestimmt. Ihre Verteilung ist in Abbildung 3.33 gezeigt.

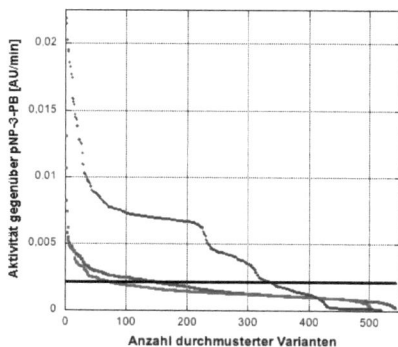

Abbildung 3.33: Verteilung der Aktivitäten gegenüber 3-Phenylbuttersäure-*p*-Nitrophenylester in den Bibliotheken **A** (blau), **NNK**, (grün) und **NA** (rot); schwarz: Mittelwert des Wildtyps.

Die Substitution der Wildtyp-Reste durch „erlaubte" Aminosäuren bedingt an diesen Positionen nicht nur sehr viel mehr aktive Klone gegenüber dem Wunschsubstrat, als der Einbau aller oder seltener Aminosäuren, sondern bringt zudem Varianten hervor, die sehr viel aktiver gegenüber diesem Substrat sind als der Wildtyp. Ob sich in dieser Vielzahl von aktiven Varianten, auch solche mit einer hohen Enantioselektivität befinden, wurde nachfolgend untersucht (Abbildung 3.34). Für den Wildtyp wurde der E-Wert auf 2 bestimmt (vergleiche Abbildung 3.31), wobei das (*R*)-Enantiomer favorisiert wurde.

3.2 Entwicklung eines Konzeptes für die fokussierte, gerichtete Evolution

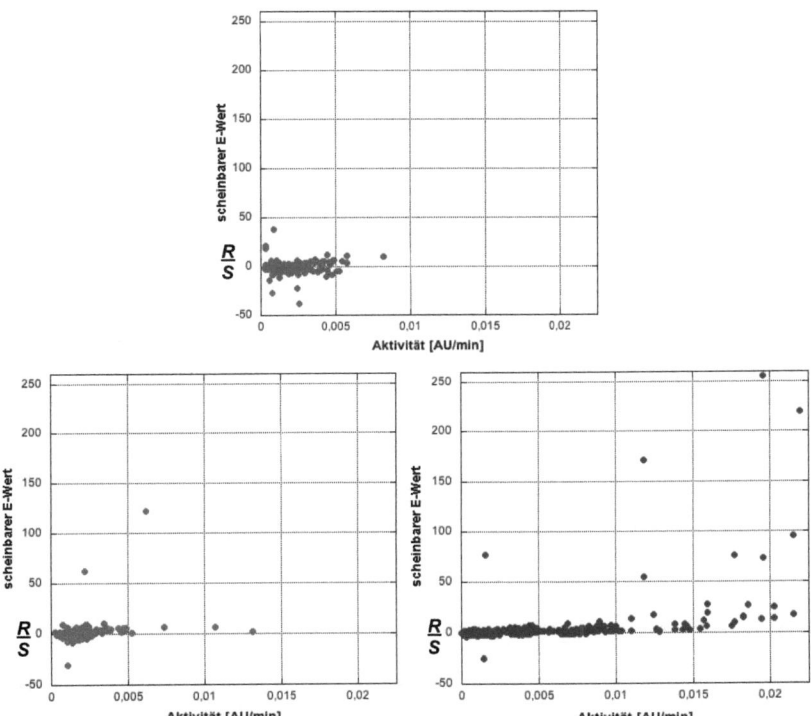

Abbildung 3.34: Aktivität (gegenüber 3-Phenylbuttersäure-p-Nitrophenylester) gegen scheinbare Enantioselektivität der drei Bibliotheken **NA** (rot), **NNK** (grün), **A** (blau).

Auch diese Abbildung spiegelt sehr eindrucksvoll wieder, dass sich einer Vorauswahl der Codons für eine Simultansättigung sehr positiv auf die Qualität der Bibliothek auswirkt. Während in der Bibliothek **NA** keine Varianten gefunden werden konnten, die signifikant enantioselektiver sind als der Wildtyp, so waren es in der Bibliothek **NNK** immerhin einige wenige. In der Bibliothek **A** hingegen konnte eine Reihe von Enzymen identifiziert werden, die, zumindest im Screening, eine 100mal höhere Aktivität und einen mehr als 50mal höheren E-Wert als der Wildtyp zeigten. Intessanterweise zeigten alle Varianten, die signifikant enantioselektiver waren als der Wildtyp, wie dieser, eine (R)-Präferenz. Um die Qualitäten der Bibliotheken quantitativ miteinander vergleichen zu können wurde die Qualität eines Hits als das Produkt seiner Aktivität und seiner Enantioselektivität definiert. Die Aktivität und die Enantioselektivität gegenüber dem neuen Substrat sollten also möglichst hoch sein. Als Hit galten Varianten mit einem E-Wert > 5 (vergleiche Abbildung 3.31). Die mittlere Qualität der identifizierten Hits einer jeden Bibliothek ist in Abbildung 3.35 dargestellt.

3.2 Entwicklung eines Konzeptes für die fokussierte, gerichtete Evolution

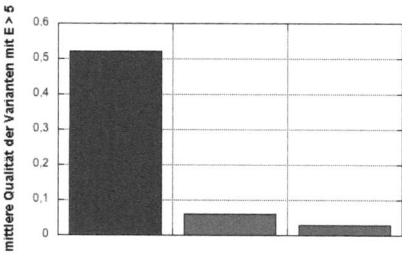

Abbildung 3.35: Mittlere Hitqualität der Varianten mit E > 5. Qualität = Aktivität [AU/min] * Enantioselektivität (E-Wert); blau: **A**, grün: **NNK**, rot: **NA**.

Die mittlere Qualität der gefundenen Hits unterscheidet sich von der Bibliothek **A** zur Bibliothek **NNK** um den Faktor 10. Die Qualität der Bibliothek **NA** ist noch schlechter. Anschließend wurden einige identifizierte Hits sequenziert und im größeren Maßstab kultiviert. Die scheinbaren E-Werte dieser Varianten wurden nachfolgend photometrisch bestimmt, wobei die Assay-Bedingungen, bis auf den Reaktionsmaßstab, denen im Mikrotiterplattenmaßstab entsprachen. Die Ergebnisse sind in Tabelle 3.7 gezeigt.

Tabelle 3.7: Aktivitäten und scheinbare E-Werte von fünf identifizierten Varianten, die während des Screenings einen verbesserten E-Wert zeigten, sowie des Wildtyps.

Enzym	Aktivität [mU/ml] gegen (R)-pNP-3-PB	Aktivität [mU/ml] gegen (S)-pNP-3-PB	E-Wert*
Wildtyp	1,6	0,50	3,2
Ma: W28, V121I, F198G, V225A	87,02	1,15	75,7
Mb: W28, V121I, F198C, V225	73,80	2,99	24,7
Mc: W28, V121I, F198G, V225T	2,16	0,02	108,0
Md: W28, V121, F198G, V225I	6,14	0,08	76,8
Me: W28, V121I, F198G, V225S	1,32	0,13	10,2

* „scheinbarer" E-Wert

Die scheinbaren E-Werte aller identifizierten Varianten sind höher als die des Wildtyps. Bemerkenswert ist, dass in allen ermittelten Varianten ein Tryptophan – wie auch im Wildtyp – an der Position 28 sitzt. Die identifizierten Mutanten unterscheiden sich also nur in zwei oder drei Aminosäuren vom Wildtyp. Weiterhin fallen insbesondere zwei Enzyme auf, die neben dem deutlich höheren E-Wert auch eine deutlich höhere Aktivität gegenüber 3-Phenylbuttersäure-p-Nitrophenylester zeigen als der Wildtyp. Diese beiden Proteine wurden anschließend mittels Metallaffinitätschromatographie aufgereinigt und deren kinetische Parameter gegenüber beider Enantiomere bestimmt und mit denen des Wildtyps verglichen (Tabelle 3.8).

Tabelle 3.8: Kinetische Parameter des Wildtyps und der Mutanten **Ma** und **Mb**.

Enzym	(R)-pNP-3-PB			(S)-pNP-3-PB			E-Wert
	K_M [M]	k_{cat} [s^{-1}]	k_{cat}/K_M [s^{-1}M^{-1}]	K_M [M]	k_{cat} [s^{-1}]	k_{cat}/K_M [s^{-1}M^{-1}]	
Wildtyp	8,7*10^{-4}	2,9*10^{-3}	3,3	9,7*10^{-4}	2,8*10^{-3}	2,9	1,1
Ma	9,9*10^{-4}	0,1736	175	5,3*10^{-4}	5,4*10^{-3}	10,2	17,2
Mb	2,0*10^{-4}	8,2*10^{-3}	41	2,0*10^{-3}	8,2*10^{-3}	4,1	10,0

Die E-Werte wurden aus den Verhältnissen der Geschwindigkeitskonstanten (k_{cat}/K_M) beider Enantiomere berechnet. Diese sind zwar nicht so groß, wie die zuvor im Schnelltest ermittelten, aber mit 17 und 10 größer als die des Wildtyps (E = 1,1). Der Grund für die Abweichung der E-Werte von den mittels Schnelltest ermittelten liegt in der Konzentration der Substratlösung begründet, welche für diesen Schnelltest verwendet wurde. Diese lag mit 250 µM weit unter der Substratsättigung, wodurch das Enzym das Substrat nicht mit seiner maximalen Geschwindigkeit umsetzte. Beide Mutanten unterscheiden sich deutlich in ihren kinetischen Daten. Während die Erhöhung des E-Wertes bei der Mutante **Ma** auf eine schnellere Wechselzahl gegenüber dem (R)-Enantiomer zurück-zuführen ist, ist bei der Mutante **Mb** der 10mal höhere K_M-Wert für das (S)-Enantiomer der Hauptgrund für die Enantioselektivität. Durch nur zwei bzw. drei Mutationen konnte die PFE von einem unselektiven in ein selektives Enzym gegenüber 3-Phenylbuttersäure-p-Nitrophenylester verändert werden.

Anschließend wurde untersucht, ob sich die enantiomerenreine 3-Phenylbuttersäure mit einem dieser Enzyme effizient aus einem racemischen Substrat herstellen lässt. Dazu wurden Biokatalysen mit rac-3-Phenylbuttersäure-Ethylester durchgeführt. Die Mutante **Ma** war überraschenderweise nicht in der Lage dieses Substrat umzusetzen, obwohl es den p-Nitrophenylester mit der höchsten katalytischen Effizienz hydrolysierte. Die Mutante **Mb** hingegen war in der Lage dieses Substrat mit einem E-Wert von 57,2 (Umsatz = 36,2%) und einer Aktivität von 1,9 U/mg umzusetzen. Im Vergleich dazu hydrolysierte der Wildtyp das Substrat mit einer spezifischen Aktivität von nur 8 x 10^{-3} U/mg und einem E-Wert von 3,2.

3.3.3 Anwendung des Konzeptes zur Veränderung der Substratspezifität

In den letzten beiden Kapiteln konnte bereits gezeigt werden, dass die Methode der *in silico* durchgeführten neutralen, genetischen Drift zur Modifikation der Thermostabilität und der Enantioselektivität angewandt werden kann. Um die Auswirkungen der in Abschnitt 3.3.2 beschrieben Mutationen auf die Substratspezifität zu untersuchen, wurden die Aktivitäten der Varianten jeder Bibliothek gegen p-Nitrophenylacetat und gegen p-Nitrophenyl-3-phenylbuttersäure gegenübergestellt. Zum Vergleich ist der PFE-Wildtyp auf die gleiche Weise aufgetragen (Abbildung 3.36).

3.2 Entwicklung eines Konzeptes für die fokussierte, gerichtete Evolution

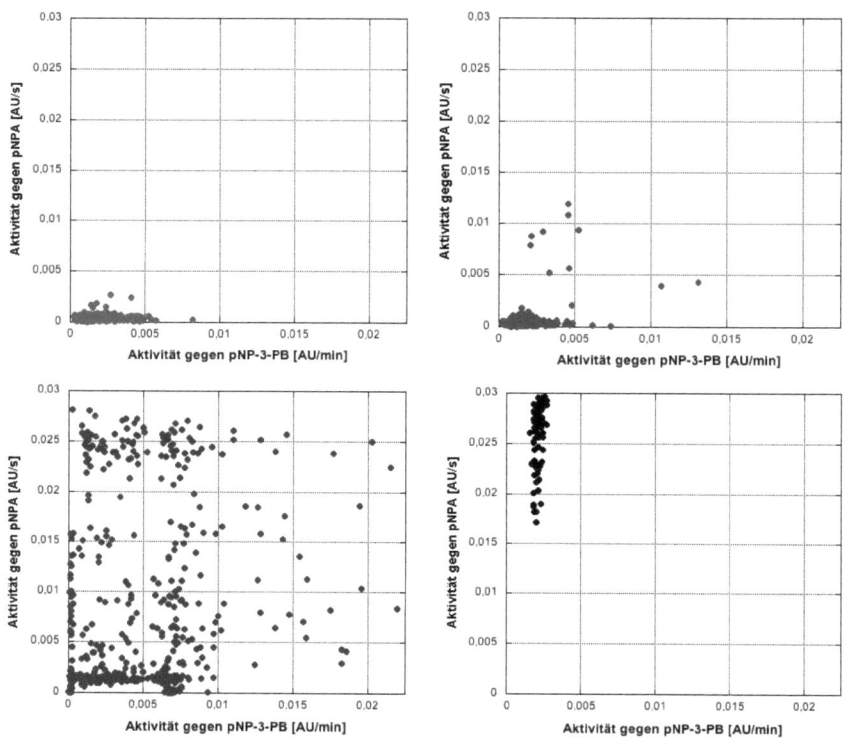

Abbildung 3.36: Verteilung der Aktivitäten gegen *p*-Nitrophenylacetat und gegen 3-Phenylbuttersäure-*p*-Nitrophenylester der Varianten aller drei Bibliotheken: **NA**: rot; **NNK**: grün, **A**: blau; schwarz: Wildtyp

Es sind wiederum in der Bibliothek **A** sehr viel mehr Varianten zu finden, die eine veränderte Substratpräferenz haben, als in den anderen beiden Bibliotheken. Es finden sich Enzyme, die wie der Wildtyp *p*-Nitrophenylacetat ausgezeichnet umsetzen und keine Aktivität gegen *p*-Nitrophenyl-3-phenylbuttersäure zeigen. Es finden sich aber ebenfalls solche, die beinahe keine Aktivität gegenüber *p*-Nitrophenylacetat zeigen und trotzdem eine hohe Aktivität gegenüber 3-Phenylbuttersäure-*p*-Nitrophenylester besitzen. In der Bibliothek **NNK** finden sich ebenfalls zwei Varianten, die p-NP-3-PB viel besser umsetzen als der Wildtyp und gleichzeitig eine niedrigere Aktivität gegenüber pNPA zeigen. Die Anzahl solcher Varianten ist aber in der Bibliothek **A** sehr viel höher. Da die beiden in Kapitel 3.3.2 beschriebenen Mutanten **Ma** und **Mb** ebenfalls kaum Aktivität gegenüber pNPA zeigen, wurde die Veränderung der Substratspezifität anhand dieser Beispiele näher untersucht. Dazu wurden die kinetischen Parameter dieser Proteine und des Wildtyp gegenüber pNPA bestimmt und mit denen gegenüber pNP-3PB verglichen (Tabelle 3.9).

Tabelle 3.9: Kinetische Parameter der Mutanten **Ma** und **Mb**, sowie des Wildtyps gegenüber pNPA. Weiterhin ist der Faktor für die Veränderung der Substratspezifität angegeben.

Enzym	K_M [M]	k_{cat} [s^{-1}]	k_{cat}/K_M [s^{-1}M^{-1}]	Veränderung der Substratspezifität*
Wildtyp	$2,3*10^{-4}$	75	$3,2*10^5$	1
Ma	$4,2*10^{-4}$	1,7	$4,0*10^3$	4300
Mb	$2,5*10^{-4}$	0,9	$3,6*10^3$	1100

* = [(k_{cat}/K_M)$_{pNPA}$/(k_{cat}/K_M)$_{pNP-3-PB}$]$_{Enzym}$ / [(k_{cat}/K_M)$_{pNPA}$/(k_{cat}/K_M)$_{pNP-3-PB}$]$_{Wildtyp}$

Beide Mutanten zeigen eine sehr viel geringere Wechselzahl gegenüber pNPA als der Wildtyp. Gleichzeitig erhöht sich ihre Wechselzahl gegenüber pNP-3-PB (Tabelle 3.8). Diese Verschiebung in der Umsatzrate der Enzyme bewirkt vor allem die großen Veränderungen in der katalytischen Effizienz (k_{cat}/K_M). Während der Wildtyp pNPA etwa 100.000mal besser umsetzt als pNP-3-PB, beträgt dieser Faktor bei **Mb** nur noch 22. Daraus ergibt sich für **Mb** eine Veränderung der Substratspezifität um den Faktor 4.300.

4. Diskussion

4.1 Einfügen neuer Aktivitäten in Proteingerüste mit α/β-Hydrolasefaltung

Die Strukturen innerhalb der α/β-Hydrolasefaltung-Superfamilie haben alle den gleichen prinzipiellen Aufbau und weisen sehr oft hohe Ähnlichkeiten auf. Trotz teilweise nur geringer Sequenzhomologien und sehr unterschiedlicher Funktionen der Enzyme hat sich der strukturelle Aufbau der Proteine über Jahrmillionen erhalten. Die große funktionelle Diversität innerhalb dieser Familie stellt ein beeindruckendes Beispiel divergenter Evolution in der Welt der Proteine dar. So finden sich unter diesen Proteinen Esterasen, Epoxidhydrolasen, Dehalogenasen, Proteasen und Hydroxynitril-Lyasen[123]. Aufgrund der hohen strukturellen Ähnlichkeiten sollte untersucht werden, ob es möglich ist, bestimmte Enzymaktivitäten, die innerhalb dieser Familie auftreten, in Vertretern derselben Familie zu erzeugen, die diese Aktivitäten natürlicherweise nicht zeigen. Auf diese Weise könnte eine Abkürzung der Evolution simuliert und somit eine neue Quelle zu Biokatalysatoren mit neuen Eigenschaften erschlossen werden. Als Modellenzym für dieses Projekt diente die *Pseudomonas fluorescens* Esterase (PFE). Diese zeigt eine bemerkenswerte Strukturhomologie zu einer Epoxidhydrolase aus *Agrobacterium radiobacter* (EchA), obwohl die Sequenzhomologie nur 17% beträgt. Aus diesem Grund wurde, als Fallbeispiel für die Einführung neuer Aktivitäten in Proteingerüste mit α/β-Hydrolasefaltung, die Einführung von Epoxidhydrolaseaktivität in die PFE gewählt. Umgekehrt sollte versucht werden, Esteraseaktivität in der EchA zu generieren. In Vorarbeiten wurden bereits Sequenz- und Strukturalignments durchgeführt, um mechanistisch essentielle und konservierte Aminosäuren in Epoxidhydrolasen zu identifizieren[155]. Es wurden das katalytische Nukleophil Asp94, sowie einige Tyrosinreste in unterschiedlichen Kombinationen in die PFE eingefügt. Diese Tyrosinreste sind an der Substratbindung und an der Protonierung des Epoxidsauerstoffs während der Hydrolyse beteiligt und zumindest eines dieser Tyrosine ist essentiell für den Ablauf der Reaktion[138]. Da keine der rational ermittelten Mutanten eine messbare Epoxidhydrolaseaktivität zeigte, wandte man weiterhin gerichtete Evolution an. Hierbei wurden 20.000 Varianten durchmustert, indem sie auf einem Selektionsmedium inkubiert wurden, in dem Glycidol als einzige Kohlenstoffquelle vorhanden war. Die acht selektierten Varianten zeigten jedoch ebenfalls keine messbare Epoxidhydrolaseaktivität gegenüber Styroloxid und *p*-Chlorstyroloxid. Dass keine der untersuchten Varianten Aktivität zeigte, könnte zum einen daran liegen, dass der Selektionsassay nicht hinreichend selektiv war und somit Falsch-Positive zuließ, zum anderen könnte aber auch eine sehr hohe Substratspezifität für Glycidol der Grund für eine fehlende Produktbildung in den nachfolgenden Biokatalysen sein. Es ist nicht

4. Diskussion

auszuschließen, dass die Mutanten zwar in der Lage waren Glycidol zu detoxifizieren und sich somit Glycerin als Kohlenstoffquelle zugänglich zu machen, jedoch nicht in der Lage waren Styroloxid oder *p*-Chlorstyroloxid, welche für die biokatalytischen Untersuchungen verwendet wurden, umzusetzen. Dies entspräche dem ersten Gesetz der gerichteten Evolution „*You get what you screen for*"[30] oder „man bekommt das, wonach man sucht". Diese Hypothese wurde jedoch noch von Konstanze Stiba in ihrer Dissertation widerlegt, die in biokatalytischen Ansätzen Glycidol als Substrat einsetzte und auch hier keinen Umsatz detektieren konnte.

Da es bisher in keinem der in den Vorarbeiten durchgeführten Experimente gelang Epoxidhydrolaseaktivität in das Proteingerüst der PFE zu generieren, lag das Hauptaugenmerk dieses Projektes darin, diese Arbeit fortzuführen. Dazu sollten die Ergebnisse der Vorarbeiten verifiziert und vor allem rationale Ansätze untersucht werden, um die gewünschte Aktivität zu erzeugen.

Bei den Literatur-bekannten Arbeiten, in denen es gelang, neue Aktivitäten in bekannten Proteingerüsten zu generieren oder Enzyme ineinander umzuwandeln, sind diese neuen Aktivitäten anfangs sehr niedrig, verglichen mit natürlich entwickelten Enzymen[38, 70, 73, 162]. Aus diesen Gründen konnte auch in diesem Projekt nicht gleich davon ausgegangen werden, eine Variante zu finden, deren Effizienz der eines Wildtyp-Enzyms entspricht. Daher wurde zur Untersuchung der generierten Mutanten eine Analytik etabliert, die so sensitiv wie nur möglich ist. Das bereits vorher etablierte Gaschromatographieprotokoll erlaubte die Bestimmung von Aktivitäten nur bis in den mU/mg$_{Protein}$-Bereich, die hier neu entwickelte HPLC-basierte Analytik reicht bis in den µU/mg$_{Protein}$-Bereich. Die nachfolgende Untersuchung der rational geplanten und mittels gerichteter Evolution hergestellten Mutanten zeigte keinerlei Aktivität und lässt den Rückschluss zu, dass der Selektionsassay nicht hinreichend selektiv gewesen war.

Um auszuschließen, dass nicht schon während des rationalen Designs Fehler gemacht wurden, die eine ungünstige oder unzureichende Ausgangssituation für das Einfügen von Epoxidhydrolaseaktivität in das Esterasegerüst bedingen, wurden erneut Sequenz- und Strukturalignments durchgeführt und essentielle, sowie hoch konservierte Aminosäuren identifiziert. Die Ergebnisse entsprechen weitesgehend den vorher ermittelten Daten. Unterschiede finden sich aber in der Positionierung eines der katalytisch wichtigen Tyrosine. Während durch diese Untersuchung die Position 139 als die Wahrscheinlichste ermittelt wurde, waren es vorher die Positionen 125 und 143. Keine der für die gerichtete Evolution verwendeten Ausgangsmutanten hatte das Tyrosin an der Position 139. Dies könnte ein Grund dafür sein, warum keine eindeutig aktive Variante gefunden wurde. Die Position 143 befindet sich zwar nur einen Helix-*turn* weiter und zeigt auch in die Richtung des Epoxidsauerstoffs, aber aufgrund der kürzeren Entfernung des Tyr139 zu diesem, wurde diese Position favorisiert.

Die ermittelten Mutationen (Leu29Pro, Phe93His, Ser94Asp, Val139Tyr, Val195Tyr) wurden eingefügt und die Aktivität mittels der verbesserten Analytik gemessen. Leider zeigte auch diese Mutante keine Epoxidhydrolaseaktivität. Obwohl bereits in anderen Beispielen gezeigt werden konnte, dass die Umwandlung von Enzymaktivitäten durch den Austausch von nur wenigen Aminosäuren möglich ist, zeigt dieses Ergebnis, dass die Herangehensweise in diesem Fall nicht ausreichend ist. Die Enzyme haben sich scheinbar stärker auf ihre Funktion spezialisiert, als auf den ersten Blick ersichtlich ist. Seebeck und Hilvert benötigten nur einen Aminosäureaustausch im aktiven Zentrum, um eine Racemase in eine Aldolase umzuwandeln[97]. Weiterhin gelang Xiang et al. die de novo Generierung von Crotonaseaktivität in einer 4-Chlorbenzoyl-CoA-Dehalogenase durch Einfügen nur zweier Glutamate, die als Säure-Base-Katalysatoren in Crotonasen fungieren[99]. In den wenigen publizierten Beispielen zur Generierung von de novo Aktivität waren aber meistens sehr umfangreiche Mutagenesestrategien notwendig[38, 70, 73, 100].

Im nächsten Schritt wurden drei Chimären hergestellt, die aus relativ großen Segmenten der PFE und kleineren Segmenten der EchA bestehen, von denen angenommen wurde, dass sie wichtig für die Epoxidhydroaseaktivität sein könnten. Alle Chimären wurden sowohl von der oben genannten Mutante, als auch vom PFE-Wildtyp hergestellt. Diese Chimären sollten als Negativkontrollen verwendet werden. Bei der Chimäre **PFE-EchA-cap** wurde die komplette *cap*-Domäne der PFE durch die der EchA ersetzt. In dieser Domäne befinden sich die beiden essentiellen Tyrosine, die auf diese Weise richtig positioniert werden sollten. Die *cap*-Domäne bildet in Proteinen mt α/β-Hydrolasefaltung den eher flexibleren Teil, von dem angenommen wird, dass er für die Substratspezifität verantwortlich ist. Die *main*-Domäne hingegen ist innerhalb der Familie sehr konserviert. Durch den Austausch sollte eine Umgebung im Enzym geschaffen werden, die der einer natürlichen Epoxidhydrolase ähnelt und daher die Hydrolyse ermöglicht. Die zweite Chimäre **PFE-EchA-Helix** enthält statt einer langen α-Helix, wie sie im PFE-Wildtyp vorkommt, zwei kleinere Helices der EchA, die durch einen kleinen Loop voneinander getrennt sind. In dieser Helix befindet sich eines der katalytisch wichtigen Tyrosine, welches durch den Austausch der gesamten Helix korrekt positioniert werden sollte. Leider wurden beide Enzyme nur in Form von *inclusion bodies* exprimiert. Durch den Austausch solch großer Fragmente ist es sehr wahrscheinlich, dass Bindungen gebrochen werden, die für die richtige Faltung des Proteins wichtig sind. Daher wurde die Coexpression mit verschiedenen Chaperonen durchgeführt. Chaperone assistieren bekanntermaßen bei der Faltung von Proteinen[163] und sind daher in der Lage den Toleranzbereich destabilisierender Mutationen in einem Protein zu vergrößern[49]. Durch die Co-

4. Diskussion

expression gelang es, die Proteine löslich zu exprimieren. Nach Aufreinigung wurden deren Aktivitäten wiederum gemessen. Leider zeigten auch diese Varianten keine Epoxidhydrolaseaktivität. Die Gründe dafür sind wahrscheinlich die, dass entweder die dreidimensionale Struktur der Chimären durch die relativ großen Veränderungen nicht erhalten blieb, oder die Veränderungen unzureichend zur Integration der neuen Aktivität waren. Bei der dritten Chimäre **PFE-EchA-Loop** wurde ein kompletter Loop der PFE durch den der EchA ersetzt. Dieses Element wurde durch ein Strukturalignment identifiziert, in dem sechs Epoxidhydrolasen miteinander verglichen wurden. Dieser Vergleich zeigte einen Bereich in Epoxidhydrolasen, der konserviert in allen Vertretern vorlag. Dieser Bereich, der den Eingang ins aktive Zentrum darstellt[138], wird in der PFE durch einen Loop blockiert. Der Austausch der Loops wurde so gewählt, dass die letzte Aminosäure an dessen C-terminalen Ende eines der katalytisch wichtigen Tyrosine bildete. Auch diese Mutante wurde wiederum mit Chaperonen coexprimiert, aufgereinigt und dessen Aktivität gegenüber p-Nitrostyroloxid gemessen. Das Enzym zeigte im Gegensatz zu allen anderen Mutanten eine signifikante Aktivität, die zu 9 mU/mg bestimmt wurde. Die Chimäre **PFE(wt)-EchA-Loop** zeigte erwartungsgemäß keine Aktivität, da sie weder das katalytische Nukleophil noch die essentiellen Tyrosine zur Protonierung des Epoxids enthielt. Die Tatsache, dass die Reaktion enantioselektiv verlief, schließt eine Spontanreaktion aus. Der *E. coli*-Rohextrakt zeigte ebenfalls eine Epoxidhydrolaseaktivität von ungefähr 60 µU/mg$_{Protein}$. Dieses Ergebnis überrascht, da das Genom von *Escherichia coli* keine Epoxidhydrolase codiert und spricht für eine katalytische Promiskuität in einem anderen *E. coli*-Enzym. Dass es sich bei der gemessenen Aktivität der **PFE-EchA-Loop**-Chimäre um diese *E.coli*-Hintergrundreaktion handelte, kann ausgeschlossen werden, da diese (*S*)-selektiv verlief, während die Chimäre (*R*)-selektiv ist. Die Enantioselektivität wurde hierbei auf E > 100 ermittelt. Aufgrund der leichten Autohydrolyse von p-Nitrostyroloxid musste zur Ermittlung des E-Wertes die spontane, chemische Produktbildung von der enzymatisch bedingten subtrahiert werden. Es handelt sich demnach bei E > 100 um einen korrigierten E-Wert. Leider war es nicht möglich K_M und V_{max} zu bestimmen. Der Grund dafür liegt in der starken Substratinhibierung. Schon bei einer Substratkonzentration von nur 50 µM war diese Inhibierung messbar. Da in diesem Bereich die Detektionsgrenze des Systems lag, war es nicht möglich, die Konzentration noch weiter herab zu setzen. Die Anfangsaktivität von 9 mU/mg wurde also bei dieser Substratkonzentration gemessen und variiert, wenn diese sich veränderte. Die Wechselzahl beträgt hierbei 0,01 s^{-1}. Um die Reaktion eindeutig verfolgen zu können, musste das molare Verhältnis Substrat : Enzym möglichst niedrig sein. Zur Bestimmung der Anfangsaktivität lag dieses bei 3 : 1. Das Substrat liegt demnach nicht, wie bei einer typischen im Labor durchgeführten Biokatalyse im hohen Überschuss vor. Wird das molare Verhältnis erhöht, wird das Enzym stärker inhibiert[164]. Ein Grund dafür könnte sein, dass die neu kreierte Struktur der

PFE nun gewissermaßen zwei Eingänge in sein aktives Zentrum besitzt. Den ersten hatte bereits der Wildtyp, um die Hydrolyse von Estern realisieren zu können. Da dieser Eingang aber scheinbar ungeeignet war, Epoxide in einer Art und Weise passieren zu lassen, dass sie sich in produktiver Orientierung im aktiven Zentrum positionieren, wurde ein zweiter Eingang hinzugefügt. Dieser ermöglicht in natürlichen Epoxidhydrolasen an dieser Position das Eintreten der Substrate und auch in der **PFE-EchA-Loop**-Mutante scheint er essentiell für die neu generierte Aktivität zu sein. Eine mögliche Erklärung der Substratinhibierung könnte eine Art Konkurrenz zwischen beiden Eingängen ins aktive Zentrum sein. Während aber der neu kreierte Eingang die Epoxidhydrolyse ermöglicht, positioniert der Wildtyp-Eingang das Substrat in einer unproduktiven Orientierung und blockiert somit das aktive Zentrum.

Eine weitere Herausforderung in diesem Projekt war die schwierige Enzymproduktion. Die Daten, die aus unterschiedlichen Ansätzen generiert wurden, unterschieden sich erheblich bezüglich ihrer spezifischen Aktivitäten. Die Enzyme einiger Ansätze zeigten sogar keine Aktivität. Um dieses Problem zu lösen, wurden umfangreiche Anstrengungen, wie z.B. der Wechsel des Expressionsvektors (pET24b) und -stammes (*E. coli* Bl21 DE3), verschiedene Zellaufschlussmethoden (Ultraschall, French Press, Lysozym), Variationen im Expressionsprotokoll (Induktorkonzentration (0,5-5 mg/ml (*L*)-Arabinose) zur Induktion der Chaperone, Zeitpunkt der Induktion der Chaperone (OD_{600} = 0,05-0,5) und Variationen im Aufreinigungsprotokoll (Waschpuffer mit/ohne Imidazol (10%); zwei verschiedene Säulen) unternommen. Trotz dieser Bemühungen konnte kein zufriedenstellendes Protokoll ausgearbeitet werden, das die reproduzierbare Herstellung des Enzyms mit konsistenten Werten für die spezifische Aktivität sichert.

Der Grund für die Probleme bei der Proteinherstellung rührt wahrscheinlich aus der Kombination zweier Eigenschaften des Enzyms. Zum Ersten unterliegt die Chimäre einer starken Substratinhibierung bei schon sehr geringen Konzentrationen, weswegen, wie bereits beschrieben, das molare Verhältnis Substrat : Enzym sehr klein gehalten werden muss, um überhaupt Aktivität zu detektieren. Die zweite Eigenschaft des Enzyms ist seine schlechte Expression. Es ist anzunehmen, dass aufgrund der dramatischen Eingriffe in die Struktur, diese destabilisiert wurde und eine korrekte Proteinfaltung nur bedingt gelingt. Kleinere Unterschiede während der Proteinherstellung (Expression und Aufreinigung) könnten in unterschiedlichen Anteilen richtig gefalteten Proteins am Gesamtprotein resultieren. Nicht nur der Anteil am Gesamtprotein, sondern auch das Gleichgewicht zwischen richtig und falsch gefaltetem Zielprotein könnte sich verschieben. Dies wiederum resultierte in einem veränderten Substrat : Enzym-Verhältnis, was wiederum, aufgrund der Substratinhibierung, starke Auswirkung auf die spezifische Aktivität hat.

4. Diskussion

Trotz dieser Schwierigkeiten und des sehr niedrigen Wertes der neu generierten Aktivität und der Tatsache, dass das Enzym starker Substratinhibierung unterliegt und damit einen relativ uneffizienten und biotechnologisch unattraktiven Biokatalysator darstellt, konnte hiermit zum ersten Mal gezeigt werden, dass die Umwandlung eines Enzyms in ein anderes innerhalb der Superfamilie der α/β-Hydrolasefaltung prinzipiell möglich ist[165]. Überhaupt existieren nur sehr wenige Beispiele, in welchen die komplette *de novo* Generierung enzymatischer Aktivität in Proteingerüste gelang (Kapitel 1.2.1). Die Tatsache, dass es möglich war, den relativ anspruchsvollen Mechanismus der Epoxidhydrolyse in einem verwandten Protein zur Funktion zu bringen, lässt vermuten, dass sich auch eine Vielzahl anderer Enzymaktivitäten in verwandten Proteinen erzeugen lassen. Tatsächlich waren Padhi *et al.* in der Lage Hydroxynitril-Lyase-Aktivität in demselben Enzym zu generieren[166]. Auch diese Enzymklasse zeigt eine hohe strukturelle Ähnlichkeit zu den Esterasen und trägt sogar die gleiche katalytische Triade. Die Reaktionsmechanismen unterscheiden sich aber sehr. Diese Arbeit liefert einen weiteren Hinweis für die breite Anwendbarkeit dieses Ansatz zur Generierung neuer Biokatalysatoren. Weiterhin konnte gezeigt werden, dass die Lage des Einganges in das aktive Zentrum von Epoxidhydrolasen sehr konserviert und scheinbar essentiell für deren Funktion ist. Durch den Austausch eines Loops wurde dieser Eingang auch in der Struktur der PFE hergestellt. Dass gerade Loop-Regionen ein vielversprechendes Ziel des Protein-Engineerings sind, zeigt das Beispiel von Park *et al.*, die durch Deletion, Insertion und Randomisierung solcher Regionen im aktiven Zentrum der Glyoxalase II β-Lactamaseaktivität generierten[100]. Tawfik interpretierte diese Arbeit als eine Simulation natürlicher Evolution. Während das Proteingerüst über die Jahrmillionen mehr oder weniger erhalten blieb, veränderten sich Reaktionsmechanismen und Substratspezifitäten aufgrund struktureller Veränderungen in diesen Loops[158]. Auch die Ergebnisse dieser Arbeit sprechen für diese Hypothese. Weiterhin konnte das aktive Zentrum von Epoxidhydrolasen in die Struktur der PFE „kopiert" werden. Die niedrige katalytische Effizienz legt den Schluss nah, dass die Positionierung der beteiligten Aminosäuren nicht optimal aber prinzipiell richtig ist.

In Anlehnung an dieses Projekt war es ein weiteres Ziel Esteraseaktivität in das Gerüst der EchA zu generieren. Es galt zu analysieren, ob im Gegensatz zum ersten Projekt, hier möglicherweise einige Austausche der Schlüsselaminosäuren ausreichen, um die gewünschte Aktivität zu bekommen. Um diese Fragen zu beantworten, wurden analytische Methoden entwickelt und rationale Ansätze ausgearbeitet. Die Generierung von Esteraseaktivität in der EchA scheint auf den ersten Blick einfacher zu sein als umgekehrt, weil der Esterasemechanismus anspruchsloser ist. Prinzipiell benötigen diese Enzyme nur ein katalysches Serin für den nukleophilen Angriff und eine Oxyanionentasche zur Stabilisierung des intermediär entstehenden Oxyanions. Diese Tasche ist in Epoxidhydrolasen bereits vorhanden, so dass nur der Austausch des katalytischen Nukleophils nötig scheint. Um das

für Esterasen typische Gly-X-Ser-X-Gly-Motiv zu generieren, wurde neben der Mutation Asp107Ser auch ein weiteres Glycin (Ala109Gly) eingefügt.
Auch hier war die Standardmethode zur Bestimmung der Aktivität ungeeignet für eine sensitive Messung. Ein etabliertes Substrat zur Messung von Esteraseaktivität ist *p*-Nitrophenylacetat. Dieses ist aber relativ instabil und zerfällt in wässrigem Milieu rasch in *p*-Nitrophenol und Essigsäure. Daher kann die Reaktion nur relativ kurz ablaufen und die Produktbildung ist, bei den zu erwartenden niedrigen Aktivitäten, nur schwer von der Autohydrolyse zu unterscheiden. Wie oben erwähnt, sind neu generierte Aktivitäten zumeist sehr gering. Daher wurde auch hier eine Analysemethode etabliert, die auf einem stabileren Substrat basiert und es durch eine längere Reaktionszeit erlaubt, auch geringere spezifische Aktivitäten zu messen. Als Substrat wurde Methylacetat verwendet, welches, wie auch die möglichen Produkte, gaschromatographisch untersucht werden kann.
Auch hier reichten die offensichtlichen Mutationen jedoch nicht aus, um eine neue Aktivität in eine verwandte Struktur zu generieren. Dass die Enzyme sich mehr auf ihre natürlichen Funktion spezialisiert haben, als man auf den ersten Blick auf ihre Strukturen erwarten würde, bestätigt neben den beiden genannten Beispielen ein Drittes, in dem versucht wurde Haloalkandehalogenaseaktivität in der PFE zu generieren. Auch hier wurden katalytisch essentielle Aminosäuren ausgetauscht, die Proteine exprimiert und deren Aktivitäten gegenüber verschiedener Haloalkane gemessen. Auch hier konnte bislang keine Aktivität detektiert werden[167].

4.2 Entwicklung eines Konzeptes für fokussierte, gerichtete Evolution unter Ausnutzung neutraler, genetischer Drift

Die neutrale, genetische Drift beschreibt ein Prinzip der Evolution, nach dem zuerst Mutationen in ein Enzym angereichert werden, die sich positiv oder neutral auf einen natürlichen Parameter, wie korrekte Faltung oder Aktivität, auswirken und anschließend, in diesem kleineren Pool intakter Proteine, nach Varianten gesucht wird, die eine gewünschte Eigenschaft, wie z.B. ein verändertes Substratspektrum o. ä., besitzen[44, 47]. In einem solchen Ansatz wird der große Pool in einem Vortest selektiert und anschließend der kleinere Pool genauer untersucht. Durch die clevere Verwendung und Auswertung der immer größer werdenen Datenvielfalt (Sequenzen, Strukturen, Funktionen und Mechanismen) ist ein Trend von zufallsbasierten Ansätzen zu mehr rationalen Ansätzen im Forschungsfeld des Protein-Engineerings zu verzeichnen[6]. Um Proteine zielstrebig zu optimieren ist es oft nicht nötig, wie in herkömmlichen Experimenten zur gerichteten Evolution, das komplette Gen zu randomisieren, sondern sich bei der Modifikation auf bestimmte Bereiche zu konzentrieren,

4. Diskussion

die mit hoher Wahrscheinlichkeit die gewünschte Eigenschaft beeinflussen. Verschiedene Beispiele für die erfolgreiche Durchführung solcher Experimente sind in Kapitel 1.1.1 beschrieben. In diesen Arbeiten wird gezeigt, wie man durch Sättigungsmutagenese an ausgezeichneten Positionen relativ schnell eine gewünschte Enzymeigenschaft einstellen kann. Empfehlenswert bei der Durchführung einer solchen Proteinoptimierung ist die simultane Sättigung verschiedener Positionen, die räumlich benachbart sind, weil kooperative Effekte aufgrund von Wechselwirkungen zwischen diesen Resten (und gegebenenfalls mit dem Substrat, insofern die Mutagenese im aktiven Zentrum durchgeführt wurde) wahrscheinlich sind[51]. Problematisch hierbei ist die rasant zunehmende Zahl der zu durchsuchenden Mutanten mit steigender Anzahl der variierten Positionen[59] (Tabelle 1.1).

In diesem Experiment sollte untersucht werden, ob eine neutrale, genetische Drift bereits Computer-unterstützt durchgeführt werden kann, somit der kosten- und zeitintensive Schritt des Vorscreens eingespart werden kann und gleichzeitig intakte Proteine angereichert werden, was die Wahrscheinlichkeit, eine Variante mit verbesserten Eigenschaften zu finden, erhöht. Die Mutagenese sollte sich nicht, wie bei herkömmlichen Experimenten zur neutralen Drift auf das komplette Gen auswirken, sondern nur auf ausgewählte Positionen, die wahrscheinlich eine gewünschte Eigenschaft des Proteins beeinflussen. Genauer gesagt, wurden mittels der Verwendung eines strukturbasierten Sequenzvergleiches, die Aminosäureverteilungen an verschiedenen Positionen der PFE bestimmt, die einmal die Thermostabilität des Enzyms und ein anderes Mal die Substratspezifität bzw. Enantioselektivität nachweislich beeinflussen. Anhand dieser Verteilung wurden Aminosäuren in häufige und seltene Reste eingeteil. Von solchen Aminosäuren, die relativ häufig in natürlichen Enzym vorkommen, wurde angenommen, dass sie keine negativen Effekte auf die Proteinintegrität und Aktivität haben, während selten oder nie vorkommenden Aminosäuren an einer bestimmten Position wahrscheinlich einen negativen Einfluss haben. Folglich wurden Codons entwickelt werden, die nur solche Aminosäuren verschlüsseln, die häufig an den ausgewählten Positionen vorkommen und anschließend entsprechende Bibliotheken hergestellt werden, in der verschiedene Positionen parallel modifiziert sind. Auf diese Weise würde der Screeningaufwand minimiert und die Wahrscheinlichkeit eine Variante mit positiven Eigenschaften zu finden, erhöht werden. Als Kontrollen wurden einmal solche Aminosäuren, die nur selten an den Positionen vorkommen und einmal alle 20 Aminosäuren eingebaut (**NNK**). Aus allen Bibliotheken wurde eine repräsentative Anzahl Mutanten gescreent. Eine schematische Abbildung der Auswahl von erlaubten (**A**) und nicht erlaubten (**NA**) Aminosäuren ist in Abbildung 4.1 dargestellt.

4. Diskussion

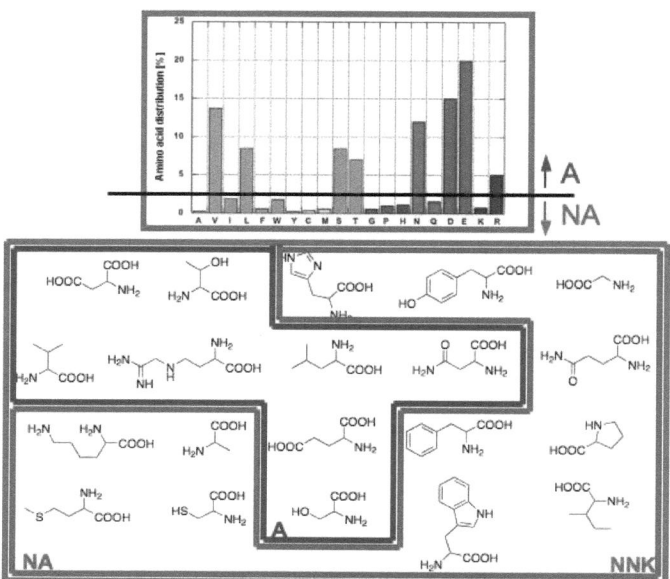

Abbildung 4.1: Schematische Darstellung der Auswahl „erlaubter" (**A**) und „verbotener" (**NA**) Aminosäuren für die fokussierte gerichtete Evolution. Aus einem repräsentativen Alignment (3DM) wurden die Aminosäureverteilungen an den zu sättigenden Positionen ermittelt. Aminosäuren die häufiger als in 2% der enthaltenen Sequenzen vorkommen sind für die Mutagenese erlaubt (**A**; blau umrahmt), solche die seltener sind, sind verboten (**NA**; rot umrahmt). **NNK** repräsentiert den kompletten Satz proteinogener Aminosäuren.

Zur Verbesserung der Thermostabilität wurden drei Positionen mit dem Programm B-Fitter ermittelt, die mit hoher Wahrscheinlichkeit die Thermostabilität beeinflussen. Grund für die Auswahl dieser drei Positionen war ihre hohe Flexibilität und die relative Nähe dieser in der DNA-Sequenz und in der Proteinstruktur. Bei einer simultanen Sättigung mehrerer benachbarter Positionen ist es wahrscheinlicher, dass sich die Reste gegenseitig beeinflussen und somit additive Effekte bewirken. Ein weiterer Vorteil dieser Positionen als Ziel einer Sättigungsmutagenese ist, dass sich die Bibliothek relativ einfach und schnell über positionsgerichtete Mutagenese herstellen lässt. Die drei ausgewählten Aminosäuren liegen auf der Oberfläche des Proteins. Wie erwartet waren alle drei Reste relativ groß (Glu81, Lys86 und Glu87). Große Reste sind, aufgrund der längeren Kette, flexibler als kleinere und zeigen daher oft höhere B-Werte. Sind diese auf der Oberfläche positioniert haben sie zusätzlich mehr Bewegungsfreiheitsgrade als solche, die in die Proteinmatrix eingebettet sind.

4. Diskussion

Die Hypothese war, dass in einem repräsentativen Pool natürlicher Enzyme an allen Positionen alle Aminosäuren sitzen, die keinen negativen Einfluss auf die Proteinintegrität haben. Die Natur hat im Laufe der Evolution schon erfolgreich optimiert, welche Aminosäuren an welchen Positionen situiert sein dürfen und welche nicht. Die natürlichen Aminosäureverteilungen an diesen Positionen wurden mittels 3DM aus einem Alignment bestehend aus 2813 Proteinen mit α/β-Hydrolasefaltung ermittelt. Bei diesem Programm handelt es sich um eine kommerziell erhältliche *Software*, die Struktur-basierte multiple Sequenzalignments generiert. Nähere Erklärungen zum Programm sind in Kapitel 1.1.2 angegeben. Unter diesen Sequenzen befanden sich vor allem Esterasen, Epoxidhydrolasen und Dehalogenasen. Die Art Enzymaktivität spielt in diesem Experiment keine Rolle, da hier mit der Thermostabilität eine Eigenschaft modifiziert werden sollte, die mit der korrekten Faltung des Proteins korreliert und nicht mit dessen Reaktionsmechanismus. Zur Veränderung der Thermostabilität wurden alle drei Bibliotheken (**A**, **NA**, **NNK**) auf Aktivität gegenüber pNPA und ihrer Thermostabilität untersucht. Dazu wurden die verschiedenen PFE-Varianten in Mikrotiterplatten hergestellt, auf zwei Platten aufgeteilt und anschließend bei 4°C bzw. 62°C für 15 h inkubiert. Nachfolgend wurden die Aktivitäten gemessen und die Thermostabilität (A_r/A_l) bestimmt. Gleichzeitig befand sich in jeweils acht Vertiefungen jeder Platte der Wildtyp, dessen Werte zur Identifizierung von Hits herangezogen wurde. Wie in Abbildung 3.24 zu erkennen ist, unterschieden sich die Mittelwerte der Thermostabilität des Wildtyps in den einzelnen Bibliotheken, obwohl der Ofen immer auf 62°C eingestellt war und immer genau 15 h inkubiert wurde. Die einzelnen Bibliotheken wurden aber trotzdem nicht auf identische Weise hitzebehandelt. Die absoluten Werte für die Thermostabilität sind daher zwischen den Bibliotheken nicht vergleichbar. Vergleichbar sind aber die Werte für die Anzahl der Mutanten, die über dem Wert des Wildtyps plus dessen Standardabweichung liegen, da jeder ermittelte Wert nur mit dem Wildtyp verglichen wird, der mit der jeweiligen Bibliothek mit inkubiert wurde. Würde man einen Mittelwert des Wildtyps aus allen Bibliotheken generieren, wäre dieser Wert irreführend. Der Mittelwert des Wildtyps für die Thermostabilität plus dessen Standardabweichung repräsentiert eine Marke, über der die Varianten genauso aktiv sind wie der Wildtyp. In einer Normalverteilung zeigen statistisch 32% der Varianten einen Wert außerhalb der Grenzen Mittelwert ± Standardabweichung. Damit entfallen 16% auf den Bereich Mittelwert + Standardabweichung. In jeder Bibliothek wurden etwa 600 Varianten durchmustert. Angenommen alle Mutanten einer Bibliothek zeigten die gleiche Thermostabilität, sollten sich also 0,16 x 600 = 96 Mutanten über der Linie Mittelwert + Standardabweichung befinden. Abbildung 3.24 zeigt, dass in keiner der untersuchten Bibliotheken dieser Wert erreicht wurde. Die Mehrheit der Varianten jeder Bibliothek, einschließlich der Bibliothek **A**, ist also instabiler als der Wildtyp. Dies ist nicht verwunderlich, da es sich bei der PFE um ein bereits relativ stabiles Enzym handelt. Die

Anzahl an Varianten, die über dieser Marke liegen ist jedoch in der Bibliothek **A** weitaus größer als in den beiden anderen Bibliotheken. „Erlaubte" Mutationen sind demnach im Durchschnitt zwar trotzdem destabilisierend im Vergleich zum Wildtyp, aber weniger destabilisierend als „Verbotene". Dieses Ergebnis schließt keineswegs aus, dass sich in diesen Bibliotheken trotzdem Varianten befinden, die stabiler sind als der Wildtyp. Zur Identifikation dieser Hits wurden in 96 Vertiefungen einer Mikrotiterplatte jeweils das Wildtypenzym hergestellt und genauso behandelt wie beschrieben. Die Werte aus den acht Vertiefungen, in denen sich auch während des Screenings der Wildtyp befand, wurden zur Berechnung eines Grenzwertes herangezogen. Dieser Grenzwert wurde so definiert, dass keiner der anderen 88 für den Wildtyp ermittelten Werte über diesem lag. Mit diesem Grenzwert sollten falsch-positive Hits ausgeschlossen werden. Wendet man diesen Grenzwert auf die Bibliotheken an, so kann man nur in Bibliothek **A** zwei Hits eindeutig identifizieren, wobei einer deutlich über dieser Marke liegt (Abbildung 3.26). Der Grenzwert ist relativ streng gewählt, so dass nicht auszuschließen ist, dass sich nicht auch unterhalb dieses Wertes Varianten befinden, die leicht thermostabiler sind als der Wildtyp.

Die Mutante, die deutlich über diesem Werte lag, wurde aufgereinigt und die kinetischen Parameter, sowie dessen Thermostabilität (T_M und T_{50}^{60}-Wert) bestimmt. Sie war um ca. 8°C stabiler als der Wildtyp, wobei sich die kinetischen Daten nur unwesentlich von denen des Wildtyps unterschieden. Die höhere Thermostabilität könnte, wie es das Konzept des B-FITs vorschlägt[54], auf eine geringere Flexibilität der eingefügten Reste im Vergleich zu denen des Wildtyps zurückzuführen sein. Die eingefügten Mutationen sind Glu81Asn, Lys86Arg und Glu87Asp. Zumindest zwei der drei eingefügten Aminosäuren sind kleiner als die jeweilige Wildtyp-Aminosäure. Die Eigenschaften der Wildtyp-Aminosäuren und die der Mutanten sind weitestgehend gleich. An Position 86 wurde ein basischer Rest gegen einen basischen ausgetauscht, an Position 87 ein saurer gegen einen sauren. Lediglich an Position 81 wurde die saure Glutaminsäure durch ein neutrales Asparagin substituiert. Im zuerst publizierten Beispiel zur Anwendung des B-FITs ist dieser Trend nicht so eindeutig erkennbar. Hier wurde die Thermostabilität der *Bacillus subtilis* Lipase A durch die Mutationen Met134Asp, Ile157Met, Tyr139Cys, Lys112Asp und Arg33Gly enorm verbessert (T_{50}^{60} von 48°C auf 93°C). Obwohl die Eigenschaften der ausgetauschten Aminosäuren sich nicht immer ähneln, ist zumindest immer eine relativ große Aminosäure durch eine relativ kleine Aminosäure ausgetauscht worden, was für die Theorie der Methode spricht.

Die eingangs formulierte Hypothese war, dass durch eine Vorauswahl der Aminosäure in einer simultanen Sättigung mehrere Positionen, anhand der natürlichen Präsenz dieser Reste in einem repräsentativen Alignment zu einer Mutantenbibliothek höherer Qualität führt. Diese Hypothese konnte eindeutig bestätigt werden. Bibliothek **A** brachte, verglichen mit den Bibliotheken **NNK** und **NA**, sehr viel mehr Varianten hervor, die genauso stabil oder sogar stabiler als der Wildtyp waren. Die Tatsache, dass in der Bibliothek **NA** kaum aktive und stabile Enzyme zu finden waren, identifiziert diese Aminosäuren als solche mit negativem Einfluss auf die Integrität des Proteins. Durch einfaches Weglassen dieser Mutationen durch eine Vorauswahl des Codons kann eine bessere Bibliothek generiert werden und gleichzeitig der Screeningaufwand erheblich verkleinert werden.

In einer zweiten Anwendung der Methode der *in silico* durchgeführten neutralen, genetischen Drift wurde die Enantioselektivität der PFE als Ziel des Protein-Engineerings gewählt. Die PFE setzt 3-Phenylbuttersäureester nur sehr langsam und unselektiv um. Aus diesem Grund wurde dieses Substrat als Modell verwendet. Beide Enantiomere des 3-Phenylbuttersäure-*p*-Nitrophenylesters wurden synthetisiert und später für den Assay verwendet. Wie bei der Modifikation der Thermostabilität sollte auch hier eine simultane Sättigung mehrerer Positionen mit nur erlaubten Aminosäuren durchgeführt werden. Wieder wurden weiterhin Kontrollbibliotheken mit allen Aminosäuren bzw. verbotenen Aminosäuren hergestellt. Die Aminosäureverteilungen wurden dieses Mal aus einem Satz von ca. 1750 Esterasen ermittelt, die zuvor aus dem oben verwendeten Alignment herausgefiltert wurden. Da zur Mutagenese Aminosäuren gewählt wurden, die direkt an der Substratbindung beteiligt sind, wurden auch nur solche Enzyme in Betracht gezogen, die in der Lage sind Ester zu hydrolysieren. Epoxidhydrolasen und Dehalogenasen tragen an den zu untersuchenden Positionen möglicherweise andere Reste, die für die Bindung des Epoxids bzw. halogenierten Verbindung von Bedeutung sind. Aus der Literatur war bekannt, dass die Positionen 28, 121, 198 und 225 der PFE die Enantioselektivität der PFE gegenüber chiralen Säuren beeinflussen. Alle Reste an diesen Positionen sind in die Acyl-Bindetasche der PFE ausgerichtet. Aus diesem Grund wurden diese Positionen für die Simultansättigung ausgewählt und die besagten Bibliotheken hergestellt. Anschließend wurden die Aktivitäten aller Varianten separat gegen beide Enantiomere des 3-Phenylbuttersäure-*p*-Nitrophenylesters gemessen und die scheinbaren E-Werte bestimmt. Man spricht hier vom scheinbaren E-Wert, da beide Enantiomere nicht um das aktive Zentrum konkurrieren, sondern separat gemessen werden. Der scheinbare E-Wert kann sich daher vom echten E-Wert unterscheiden[168]. In den Bibliotheken **NA** und **NNK** befanden sich kaum aktive Klone, was wiederum die oben genannte Arbeitshypothese bestätigt. Die geringe Anzahl aktiver Klone in der Bibliothek **NNK** ist nicht überraschend, wenn man die von Park *et al.* angegebenen Zahlen aktiver Klone bei der Einzelsättigung dieser Positionen betrachtet. Beim Austausch der Aminosäuren Val121 und Phe198 durch alle anderen Aminosäuren wurden hierbei jeweils ca. 60% aktive Klone gefunden, bei Sättigung der Aminosäuren Trp28 und Val225 waren es nur ca. 35%. Bei einer Simultansättigung aller vier Positionen kann man also nur 0,58 * 0,55 * 0,37 * 0,35 = 0,04 = 4% aktive Varianten erwarten. Bei der in

4. Diskussion

dieser Arbeit durchgeführten Sättigung dieser vier Positionen unter Verwendung des Codons NNK lag der Anteil aktiver Klone (≥ 10% der Wildtypaktivität gegen pNPA) mit 2% in der gleichen Größenordnung. Der Unterschied kann dadurch zustande kommen, dass bei der Berechnung angenommen wird, dass sich die Mutationen nicht gegenseitig beeinflussen. In manchen Fällen mag es aber so sein, dass einzelne Aminosäureaustausche an diesen Positionen keinen negativen Effekt auf die Aktivität oder Proteinintegrität haben, während sich zwei gleichzeitige Austausche negativ beeinflussen können. Aufgrund dieser Verteilung der Aktivitäten ist es auch nicht verwunderlich, dass in diesen Bibliotheken kaum Varianten gefunden werden konnten, die einen höheren E-Wert haben als der Wildtyp. Lediglich in Bibliothek **NNK** befanden sich einige wenige solcher Enzyme. In der Bibliothek **A** hingegen zeigten ca. 50% der untersuchten Varianten eine Aktivität gegenüber pNPA von mindestens 10% der Wildtypaktivität. Weiterhin gibt es eine Reihe von Enzymen, die 3-Phenylbuttersäure-p-Nitrophenylester nicht nur sehr viel schneller umsetzen als der Wildtyp, sondern auch mit hoher Enantioselektivität. Die nähere Untersuchung einiger dieser Varianten identifizierte zwei Enzyme **Ma** (Val121Ile, Phe198Gly, Val225Ala) und **Mb** (Val121Ile, Phe198Cys), die 3-Phenylbuttersäure-p-Nitrophenylester mit einem scheinbaren E-Wert (Verhältnis der Geschwindigkeitskonstanten) von 10 bzw. 17 umsetzen. Der Wildtyp hingegen zeigte unter diesen Bedingungen einen E-Wert von 1,1. Bemerkenswert ist, dass diese höhere Enantioselektivität nicht durch die schlechtere katalytische Effizienz des Enzyms gegenüber dem langsamer umgesetzten Enantiomers begründet ist, sondern hauptsächlich durch eine besser katalytische Effizienz gegenüber dem schneller umgesetzten Enantiomer (50-fach bzw. 12-fach). Hinzu kommt bei der Mutante **Mb** ein 10-fach höherer K_M-Wert für das langsamer reagierende Enantiomer. Diese Tatsache macht das Verfahren der *in silico* neutralen, genetischen Drift zu einer sehr effizienten Methode. In vielen Literaturbeispielen geht eine Erhöhung des E-Wertes oft mit einer Abnahme der katalytischen Effizienz einher[37, 51]. Die Sequenzierung der Gene von fünf eindeutig selektiven Varianten zeigt, dass alle an Position 28, wie der Wildtyp, ein Tryptophan tragen. Dass diese Position in der Bibliothek randomisiert worden war, wurde durch Sequenzierung weiterer zufällig ausgewählter Mutanten bestätigt. Diese Aminosäure scheint also essentiell zu sein. Weiterhin tragen vier der fünf Enzyme ein Isoleucin statt eines Valins an Position 121. Beides stellen hydrophobe Aminosäuren dar, wobei Isoleucin deutlich größer ist als Valin. Ein umgekehrtes Bild erkennt man an Position 198. Während der Wildtyp hier einen großen Phenylalanin-Rest trägt, finden sich in den Mutanten die kleinen Aminosäuren Glycin und Cystein. Die vierte Position (225), die im Wildtyp von einem Valin besetzt wird, ist in allen Varianten unterschiedlich (Val, Ala, Ile, Ser, Thr). Die beiden Mutanten mit der höchsten Aktivität tragen an dieser Position ein Valin bzw. Alanin. Es scheint also, dass kleine, hydrophobe Reste an dieser Position am besten mit diesem Substrat interagieren.

4. Diskussion

Anschließend wurden Biokatalysen mit racemischem 3-Phenylbuttersäure-Ethylester durchgeführt, um den echten E-Wert beider Enzyme zu bestimmen. Obwohl die Mutante **Ma** 3-Phenylbuttersäure-*p*-Nitrophenylester sehr viel besser umsetzt als der Wildtyp, zeigte diese Mutante keine Aktivität gegenüber dem Ethylester. Dieses Ergebnis überrascht, da die Alkoholbindetasche während der Sättigungsmutagenese unberührt blieb. Die Mutante **Mb** hingegen setzte den Ethylester sehr effizient und selektiv um. Nach bereits einer Stunde waren 36% des Substrates (c = 20 mM) mit Enantiomerenüberschüssen von 53% ee$_S$ und 94% ee$_P$ umgesetzt. Dies enspricht einer Aktivität von 1,9 U/mg und einem E-Wert von 57. Für den Wildtyp wurden die Aktivität auf 8 x 10^{-3} U/mg und der E-Wert auf 3,2 bestimmt. Der E-Wert für den Wildtyp stimmt mit dem in der Literatur angegebenen überein (E = 3,5). In früheren Arbeiten war man bereits in der Lage die Enantioselektivität der PFE gegenüber 3-Phenylbuttersäure-Ethylester zu erhöhen. Unter Einsatz des Mutatorstammes *Epicurian coli* XL-Red wurde die Enantioselektivität gegenüber 3-Phenylbuttersäure-Ethylester von 3,5 auf 6,1 bzw. 6,7 erhöht[169]. Die identifizierten Positionen (Asp158 und Leu181) wurden weiterhin einer Sättigungsmutagenese unterzogen, die Varianten hervorbrachte (Asp158Leu und Leu181Thr), die 3-Phenylbuttersäure-Ethylester mit E-Werten von 12 bzw. 10 hydrolysierten[151]. Insgesamt konnte die Enantioselektivität nur moderat verbessert werden. Wieviele Mutanten für diese Verbesserung durchmustert werden mussten und welche Auswirkungen die Mutationen auf die katalytische Effizienz haben, ist leider nicht angegeben. Beide Positionen liegen auf der Oberfläche des Proteins mit einer Entfernung von 12-13 Å vom aktiven Zentrum. Enzymeigenschaften, wie Enantioselektivität und Substratspezifität werden stärker von Aminosäuren beeinflusst, die nahe dem aktiven Zentrum liegen, als von solchen, die weiter entfernt sind[152]. Aus diesem Grund wurden in der vorliegenden Arbeit vier Positionen in Acyl-Bindetasche modifiziert. Dieselben Positionen wurden auch zur Erhöhung der Enantioselektivität der PFE gegenüber 3-Bromo-2-methylpropionsäure-Methylester nacheinander gesättigt. Die besten Varianten zeigte eine Erhöhung der Enantioselektivität von E = 12 (WT) auf E = 58 (Trp28Ile) bzw. E = 61 (Val121Ser)[161]. Beide Mutationen wurden in dieser Arbeit als „erlaubt" eingeordnet. Die Simultansättigung aller vier Positionen erhöht die Wahrscheinlichkeit die beste Mutante für die Umsetzung des jeweiligen Substrates zu finden. Die beste Variante, die während der Einzelsättigung der Positionen gefunden wurden, zeigte eine doppelt so hohe katalytische Effizient für das schneller reagierende Enantiomer wie der Wildtyp. Die katalytische Effizienz der besten in dieser Arbeit identifizierten Variante für 3-Phenylbuttersäure-*p*-Nitrophenylester war > 50-fach erhöht. Es ist wahrscheinlich, dass sich die Enantioselektivität und katalytische Effizienz gegenüber 3-Bromo-2-methylpropionsäure-Methylester durch eine Simultansättigung aller vier Positionen hätte weiter erhöhen lassen. Dazu hätten jedoch drei Millionen Varianten durchmustert werden müssen, von denen, wenn man den Anteil aktiver Klone in der Bibliothek **NNK** betrachtet, nur 60.000 aktiv gewesen wären. Unter Verwendung des hier vorgestellten Konzeptes wären es hingegen nur 10.000, von denen > 5.000 aktiv gewesen wären. Für die Erhöhung der Enantioselektivität gegenüber 3-Phenylbuttersäure-Ethylester von 3 auf 57, bei einer 240-fachen Erhöhung der spezifischen Aktivität waren es nur 500.

Neben der Enantioselektivität wurde auch die Substratspezifität der Bibliotheken **A**, **NA** und **NNK** untersucht. Die Bibliotheken **NA** und **NNK** beinhalteten, wie bereits erwähnt, nur sehr wenige Varianten, die überhaupt aktiv waren, weshalb solche Bibliotheken relativ ineffizient zur Veränderung der Substratspezifität von Enzymen erscheinen. In der Bibliothek **A** hingegen finden sich eine Reihe von Varianten, die zwar Aktivität gegenüber pNP-3-PB zeigen, jedoch, verglichen mit dem Wildtyp, nur sehr geringe Aktivität gegenüber pNPA. Auch die Mutante **Ma** zeigt eine 80-fach niedrigere katalytische Effizienz gegenüber pNPA als der Wildtyp und gleichzeitig eine 50-fach höhere gegenüber pNP-3-PB. Die Substratspezifität änderte sich also um einen Faktor von mehr als 4.000. Läge der Generierung kleiner *neutral drift*-Bibliotheken ein Aktivitätsassay basierend auf pNPA zu Grunde, wäre diese Mutante wahrscheinlich verloren gegangen, da es sich in Bezug auf die Aktivität gegenüber pNPA nicht um neutrale Mutationen handelt. In Fall der Mutant **Ma** waren es aber gerade diese Mutationen, die zu einer solch großen Veränderung in der Substratspezifität sorgten. Soll die Aktivität eines Enzyms gegenüber neuer Substrate erhöht werden, bietet das hier vorgestellte Konzept, zumindest gegenüber der Aktivität-basierten Herstellung einer *neutral drift* Bibliothek[47] einen wichtigen Vorteil. Neutrale Mutationen werden aufgrund ihrer natürlichen Präsenz ausgewählt und nicht aufgrund eines Aktivitätsassays. Auf diese Weise werden auch Varianten gepoolt, bei denen die neue Aktivität auf Kosten einer anderen geht.

Die verschiedenen erfolgreichen Anwendungen der Methode der *in silico* durchgeführten neutralen, genetischen Drift zeigen eindrucksvoll, dass diese Methode für viele Bereiche des Protein-Engineerings funktioniert. Die Natur hat bereits eine Vorauswahl von Aminosäuren getroffen, die an bestimmten Positionen im Protein vorkommen dürfen, ohne die Proteinintegrität bzw. -aktivität negativ zu beeinflussen. Unter Verwendung eines repräsentativen Struktur-basierten Sequenzalignments können diese Aminosäuren identifiziert werden und in einer eingeschränkten simultanen Sättigungsmutagenese an Positionen gesetzt werden, die eine gewünschte Eigenschaft möglicherweise beeinflussen. Der Konsensus-Ansatz zur Veränderung der Thermostabilität von Enzymen stellt eine ähnliche Methode dar. Bei diesen wird, basierend auf Sequenz- oder Strukturalignments, eine Konsensussequenz ermittelt und das entsprechende Gen hergestellt. In einigen Beispielen konnten auf diese Weise Enzyme stabilisiert werden[104, 116, 118]. Der hier vorgestellte Ansatz unterscheidet sich von diesem in dem Punkt, dass mehr als nur eine Konsensus-Sequenz zugelassen wird, also quasi eine

4. Diskussion

ganze Bibliothek von Konsensus-Sequenzen. Die Mutante, die an den drei genannten Positionen jeweils die Konsensus-Aminosäure trug, war zwar ebenfalls stabiler als der Wildtyp (T_{50}^{60}-Wert = 2,5°C höher), reichte aber nicht an die beste identifizierte Mutante heran (T_{50}^{60}-Wert = 8°C höher als Wildtyp). Weiterhin unterscheidet sich diese Methode in dem Punkt, dass sie auch auf andere Problemstellungen wie die Substratspezifität oder Enantioselektivität von Enzymen anwendbar ist. Für die Simultansättigung der vier hierfür ausgewählten Positionen mit allen möglichen Aminosäuren hätten drei Millionen Varianten duchmustert werden müssen, um 95% aller möglichen Kombinationen abzudecken. Um 95% aller Kombinationen der Bibliothek **A** zu screenen, hätten lediglich 10.000 Mutanten untersucht werden müssen. In diesem Experiment ging es darum zu zeigen, dass diese Methode effektiv für das Protein-Engineering angewendet werden kann und nicht darum, hochselektive oder hyperthermostabile Enzyme zu finden. Aus diesem Grund wurden nur kleine Anteile der Bibliotheken beispielhaft durchmustert. Trotzdem konnte bereits in den 500 untersuchten Enzymen zur Modifikation der Enantioselektivität bzw. Substratspezifität Varianten gefunden werden, die einmal eine um den Faktor 4.000 veränderte Substratspezifität und einmal einen von 3 auf 57 erhöhten E-Wert zeigen. Mit hoher Wahrscheinlichkeit befinden sich weitere Enzyme mit interessanten Eigenschaften in dieser Bibliothek. Dieses Ergebnis spricht für die Qualität der Bibliothek und damit der Methode.

5. Zusammenfassung

Die Enzyme innerhalb der Superfamilie der α/β-Hydrolasefaltung zeigen häufig bemerkenswerte strukturelle Ähnlichkeit, obwohl sie sich sequenziell und auch funktionell sehr unterscheiden.

Im ersten Teil dieser Arbeit wurde untersucht, ob es möglich ist, durch den einfachen Austausch von Aminosäuren, die am Reaktionsmechanismus beteiligt sind, Enzymaktivitäten von einem Enzym auf ein anderes innerhalb der α/β-Hydrolasefaltung-Superfamilie zu übertragen. Als Modellenzyme für diese Untersuchungen wurden die Esterase aus *Pseudomonas fluorescens* (PFE) und die Epoxidhydrolase aus *Agrobacterium radiobacter* (EchA) verwendet, die sich in ihrer Struktur sehr ähnlich sind. Primärziel war die Einführung von Epoxidhydrolaseaktivität in die PFE, aber auch die Einführung von Esteraseaktvität in die EchA wurde untersucht. In Vorarbeiten wurden bereits Sequenz- und Strukturvergleiche durchgeführt und einige für die Epoxidhydrolyse essentiellen Aminosäuren in die PFE eingefügt. Weiterhin wurde gerichtete Evolution auf Basis eines Selektionsassays durchgeführt mit dessen Hilfe acht Varianten identifiziert wurden, die möglicherweise Epoxidhydrolaseaktivität besitzen.

In dieser Arbeit wurde zuerst eine sensitive Analytik etabliert, mit der die zuvor identifizierten Mutanten zunächst als nicht aktiv eingestuft werden mussten. Weiterhin wurden erneut Sequenz- und Strukturvergleiche durchgeführt, um die vorher ermittelten essentiellen Substitutionen zu bestätigen, gegebenenfalls zu widerlegen oder zu ergänzen. Hierbei wurde eine weitere Mutation vorgeschlagen und in die PFE eingefügt. Außerdem konnte die Position 139 als die wahrscheinlichste Position für eines der katalytisch wichtigen Tyrosine bestätigt werden. Leider zeigte auch diese Variante keine Epoxidhydrolaseaktivität. Anschließend wurden durch Strukturvergleiche drei Strukturelemente vorgeschlagen, die möglicherweise essentiell für die Generierung von Epoxidhydrolaseaktivität sind und nachfolgend die PFE-EchA-Chimären hergestellt. Diese enthielten kleinere Elemente der EchA und größere Elemente der PFE. Nach Coexpression mit Chaperonen und Aufreinigung über Metallaffinitätschromatographie wurde deren Aktivität gegenüber *p*-Nitrostyroloxid gemessen. Eine dieser Chimären zeigte eine Epoxidhydrolaseaktivität von 9 mU/mg und einen E-Wert von > 100. Bei dem ausgetauschten Element handelt es sich um einen 20 Aminosäuren langen Loop, von dem angenommen wird, dass er in der PFE den Eingang ins aktive Zentrum versperrt und somit die korrekte Positionierung des Substrates verhindert. Dieses Beispiel ist das erste, bei dem es gelang Enzymaktivitäten innerhalb der Superfamilie der α/β-Hydrolasefaltung zu übertragen. Die Ergebnisse dieser Arbeit sind ausführlich in einer Publikation dargestellt[1].

Weiterhin wurde untersucht, ob es möglich ist, Esteraseaktivität in der EchA zu generieren. Durch Sequenz- und Strukturvergleiche wurden auch hier katalytisch essentielle Aminosäuren identifiziert und in die EchA eingefügt. Leider zeigte dieses Enzym keine Esteraseaktivität gegenüber Methylacetat. Anschließend wurde ein Ansatz entwickelt, der auf einem Struktur-basierten Sequenzalignment fußt, um dieses Ziel zu erreichen. Weitere Untersuchungen sind hier erforderlich.

Im ersten Teil der Arbeit konnte gezeigt werden, dass der einfache Austausch offensichtlicher am Reaktionsmechanismus beteiligter Aminosäuren nicht ausreicht, um neue Aktivitäten in Proteingerüsten herzustellen. In diesem Projekt war neben diesen Substitutionen sogar der Austausch eines ganzen Loops nötig, um Epoxidhydrolaseaktivität in das Proteingerüst der Esterase zu integrieren.

Im zweiten Teil dieser Arbeit wurde ein Konzept entwickelt, dass die Herstellung kleiner Mutantenbibliotheken hoher Qualität für eine fokusierte gerichtete Evolution erlaubt. Durch die Verwendung eines Strukturbasierten Sequenzalignments von über 2.800 Proteinen mit α/β-Hydrolasefaltung (für die Erhöhung der Thermostabilität) bzw. 1.800 Esterasen (für die Erhöhung der Enantioselektivität und Veränderung der Substratspezifität) wurden an ausgewählten Positionen, die wahrscheinlich die gewünschten Enzymeigenschaften beeinflussen, die natürliche Aminosäureverteilung mittels eines neuen Computerprogramms (3DM) bestimmt. Wie dieses Computerprogramm aufgebaut ist und welche Fragestellungen sich damit bearbeiten lassen wird auszugsweise in Kapitel 1.1.2 und ausführlich einem Übersichtsartikel beschrieben[2]. Es wurden Codons entwickelt, die, an diesen Positionen, nur Aminosäuren codieren, die natürlicherweise dort vorkommen. Für die Erhöhung der Thermostabilität wurden drei Positionen auf der Oberfläche des Proteins simultan durch alle Aminosäuren ersetzt, die natürlicherweise an diesen Positionen vorkommen und somit eine Bibliothek **A** erstellt. Zum Vergleich wurden zwei weitere Bibliotheken hergestellt, die einmal alle 20 Aminosäuren an diesen Positionen erlauben (**NNK**) und ein anderes Mal nur solche, die nicht vorkommen (**NA**). Ein Vergleich der Bibliotheken in Bezug auf das Auftreten aktiver und stabiler Mutanten identifizierte erwartungsgemäß eindeutig die Bibliothek **A** als die Beste. Die beste Mutante (Glu81Asn/Lys86Arg/Glu87Asp) unterschied sich in ihrem

---

[1] H. Jochens. K. Stiba, C. Savile, J. G. Yu, T. Gerassenkov, R. J. Kazlauskas, U.T. Bornscheuer, Converting an Esterase into an Epoxidhydrolase, Angew. Chem. Int. Ed., **2009**, 48 (19): 3532-3535

[2] R. Kuipers, H.-J. Joosten, W. van Berkel, N. Leferink, E. Rooijen, E. Ittmann, F. van Zimmeren, H. Jochens, U.T. Bornscheuer, G. Vriend, P. Schaap, 3DM: Systematic analysis of heterogeneous super-family data to dicover protein functionalities, *submitted*

Schmelzpunkt T_M und ihrem $T_{50}{}^{60}$-Wert um ca. 8°C ohne Auswirkungen auf die katalytische Effizienz.

Das gleiche Prinzip wurde angewandt, um die Enantioselektivität bzw. Substratspezifität der PFE zu verändern. Hierzu wurden vier Positionen in der Acylbindetasche simultan durch solche Aminosäuren ausgetauscht, die in der Natur häufig an diesen Positionen sitzen. Vergleichsweise wurden wiederum die alternativen Bibliotheken **NNK** und **NA** generiert und alle auf eine veränderte Enantioselektivität und Aktivität gegenüber 3-Phenylbuttersäure-*p*-Nitrophenylester untersucht. Die Unterschiede zwischen den Bibliotheken waren hierbei noch eindrucksvoller als bei den Experimenten zur Thermostabilität. Während in der Bibliothek **A** 50% der Enzyme mehr als 10% der Wildtypaktivität gegenüber *p*-Nitrophenylacetat zeigten, waren es in der Bibliothek **NNK** gerade 2% und in der Bibliothek **NA** nur 0,2%. Weiterhin waren in Bibliothek **A** sehr viele Varianten zu finden, die eine deutlich bessere Enantioselektivität und eine bessere Aktivität gegenüber 3-Phenylbuttersäure-*p*-Nitrophenylester zeigten als der Wildtyp, während die Aktivität gegenüber *p*-Nitrophenylacetat teilweise stark reduziert war. Die Änderung der Substratspezifität der Mutante **Ma** (Val121Ile, Phe198Gly, Val225Ala) im Vergleich zum Wildtyp wurde auf einen Wert von 4.252 bestimmt, die Enantioselektivität der Mutante **Mb** (Val121Ile, Phe198Cys) gegenüber 3-Phenylbuttersäure-Ethylester auf E = 57. Bemerkenswert hierbei ist, dass die erhöhte Enantioselektivität nicht auf Kosten der Aktivität geht, sondern diese sogar sehr viel höher war als die des Wildtyps.

Mit Hilfe dieser Methode lassen sich verschiedene Problemstellungen des Proteinengineerings sehr effektiv bearbeiten. Durch die Vorauswahl von Aminosäuren, die an bestimmten Positionen platziert werden sollen, wird die Größe der Mutantenbibliothek, und damit der Arbeitsaufwand, extrem reduziert (vergleiche Kapitel 1.1.1), und gleichzeitig die Chance eine Varianten mit verbesserten Eigenschaften dramatisch erhöht. Die Ergebisse dieses Projektes wurden zur Publikation[3] eingereicht.

Im ersten Teil dieser Arbeit konnte mit der *de novo* Generierung von Epoxidhydrolaseaktivität zum ersten Mal gezeigt werden, dass eine Umwandlung von Enzymen innerhalb der α/β-Hydrolasefaltun*g*-Superfamilie möglich ist. Die Ergebnisse bieten einen Einblick in die Struktur-Funktionsbeziehungen sowie die evolutiven Unterschiede von Epoxidhydrolasen und Esterasen. Im zweiten Teil wurde ein Konzept entwickelt, dass es erlaubt, Enzyme sehr schnell und effizient bezüglich einer gewünschten Eigenschaft zu verbessern. Dieses Konzept wurde auf seine Effizienz am Beispiel PFE untersucht und mit herkömmlichen Methoden verglichen. Die erfolgreiche Optimierung der Thermostabilität, Enantioselektivität

---

[3] H. Jochens, U.T. Bornscheuer, Mimicking neutral drift *in silico* for protein engineering, *submitted*

5. Zusammenfassung

und Substratspezifität spiegeln die breite Anwendbarkeit des Systems wider. Diese Methode sollte es in Zukunft erlauben, Enzyme schneller und effizienter zu optimieren.

6. Materialien und Methoden

6.1 Materialien

6.1.1 Chemikalien und Verbrauchsmaterialien

Alle Chemikalien und Verbrauchsmaterialien wurden in ihrer höchsten Reinheit von Fluka (Buchs, Schweiz), Sigma (Steinheim) Merck (Darmstadt), VWR (Hannover), Roth (Karlsruhe) und StarLab GmbH (Ahrensburg) erworben, soweit nicht anders gekennzeichnet.

Chemikalien/Materialien	Hersteller
BD Talon™ Metal Affinity Resin	BD Biosciences Clontech (Heidelberg)
Centricons® 10 kDa	Millipore GmbH (Schwalbach)
Chaperon Plasmid Set	TaKaRa Bio Inc. (Outsu, Japan)
Glasperlen Ø 0,1-0,11 mm	Satorius AG (Göttingen)
HisTrap™ FF crude column	GE Healthcare Europe GmbH (Freiburg)
Rotilabo™-Verschlussfilm für Zellkulturplatten	Roth GmbH (Karlsruhe)
Sephadex™ G25	GE Healthcare Europe GmbH (Freiburg)
Ultrazentrifugationsfilter	Satorius AG (Göttingen)
QIAprep Spin® Miniprep Kit QIAquick™ PCR Purification Kit QIAquick™ Gel Extraction Kit	Qiagen GmbH (Hilden)

6.1.2 Geräte

Gerät	Hersteller
Autoklav	Astell, Eckold GmbH & Co KG. (St. Andreasberg) V-120, Systec GmbH (Wettenberg)
Brutschränke	Friocell und Incucell, MMM Medcenter-Einrichtungen GmbH (Gräfelfing)
Circular Dicroismus Spektrometer (CD)	J-810, Jasco Inc. (Groß-Umstadt)
DNA-Gelektrophorese	Sub-Cell® G und Mini-Sub Cell GT, BioRad Laboratories GmbH (München)
Dünnschichtchromatographie	Färbekasten nach Hellendahl (85x35x95 mm), Carl Roth GmbH & Co KG. (Karlsruhe)
Elektroporationskammer	MicroPulser, BioRad Laboratories GmbH (München)
Feinwaagen	Typ: R180D und AC120S, Sartorius AG (Göttingen)

6. Materialien und Methoden

Flüssigchromatographie	Elite LaChrom, VWR International GmbH (Darmstadt)
Fluorimeter 1	Fluostar Optima, BMG Labtech GmbH (Offenburg)
Fluorimeter 2	Varioscan, Thermo Fisher Scientific Corp. (Waltheim, MA, USA)
French Press	Thermo Fisher Scientific Corp. (Waltheim, MA, USA)
GC	5890 Series II, HP (Böblingen)
GC-MS	QP2010, Shimadzu Corp. (Duisburg)
Inkubatoren	Inkubator noctua IH50, Schüttler noctua K15/500, Noctua GmbH (Mössingen) Unitron, Infors AG (Bottmingen, Schweiz)
Kolonienpicker	BioPick, Geneworx (Blenod les Pont a Mousson)
Lyophilisator	Alpha1-2, Christ GmbH (Osterode am Harz)
Magnetrührer	IKAMAG® safety control, IKA Labortechnik (Staufen)
DNA-Spektrophotometer	Nanodrop®, Peqlab Biotechnology GmbH (Erlangen)
Netzgeräte	EPS 301, Amersham Biosystems (Uppsala, Schweden)
PCR - Geräte	Progene und Touchgene Gradient, Techne (Staffordshire, UK)
pH-Meter	Microprocessor HI 9321, Hanna Instruments (Kehl am Rhein)
Pipettierroboter	Miniprep 75, TECAN Group Ltd. (Männedorf, Schweiz)
Plattformschüttler	Polymax 1040, Heidolph Elektro GmbH & Co KG (Kelheim)
Proteinaufreinigung	Äktapurifier, GE Healthcare Europe GmbH (Freiburg)
Proteinelektrophorese	Minigel-Twin, Biometra GmbH (Göttingen)
Ofen	FunctionLine, Heraeus (Hanau)
Rotationsverdampfer	Laborota 4000, Heidolph Elektro GmbH & Co KG. (Kelheim), Vakuumpumpensystem, Vaccubrand GmbH & Co KG. (Wertheim)
Sicherheitswerkbank	NapFlow 1200-GS, NAPCO (Unterhaching) HeraSafe KS15, Thermo Fisher Scientific Corp. (Waltheim, MA, USA)
Speedvac	Jouan RC10-10 und Jouan RCT60, Thermo Fisher Scientific Corp. (Waltheim, MA, USA)
Temperaturregler vom CD-Spektrometer	PTC 4235, Jasco Inc. (Groß-Umstadt)
Thermomixer	Thermomixer comfort, Eppendorf AG (Hamburg)
Ultraschallgerät	Sonoplus HD2070 und UW2070, Bandelin GmbH & Co KG. (Berlin)
UV-VIS-Spektrometer	V-550, Jasco GmbH (Groß-Umstadt)
Photometer	UVmini 1240, Shimadzu Corp. (Duisburg)
Vortexer	Vortex-Genie® 2, Scientific Industries (Bohemia, NY, USA)
Waagen	Scout™800 und Explorer, Ohaus Corp. (Pine Brook, NJ, USA)
Western Blot	OWI Separation Systems Inc. (Portsmouth, NH, USA)
Zellhomogenisator Fastprep 24	FastPrep®24, MP Biomedicals (Solon, OH, USA)
Zentrifugen	Multifuge 3 S-R, Labofuge 400R, Biofuge fresco und Biofuge pico, Heraeus (Hanau)

6.1.3 Enzyme

Enzym	Hersteller
Pfu$^+$ DNA-Polymerase	Fermentas
Restriktionsenzyme:	New England Biolabs
NdeI, BamHI, HindIII, DpnI	Fermentas
T4 DNA Ligase (3 U/µl)	Fermentas

6.1.4 Stämme

Stamm	Genotyp	Anbieter
Escherichia coli DH5α	supE44 ΔlacU169(F80lacZDM15)hsdR17 recA1 endA1 gyrA96 thi-1relA1	Clontech
Escherichia coli Bl21 (DE3)	F- ompT hsdSB (rB$^-$ mB$^-$) gal dcm (DE3)	Novagen

6.1.5 Oligonukleotide

Alle Oligonukleotide wurden von der Firma biomers.net GmbH (Ulm) bezogen. Die Abkürzungen FW und RV in der Primerbezeichnung gibt jeweils an, ob es sich um einen *forward*-Primer (FW) oder einen *reverse*-Primer handelt (RV).

Bezeichnung	Sequenz	Verwendung
pJOE-RV	5'-CTGCCGCCAGGCAAATTC-3'	Sequenzierung von Genen in pJOE 2792.1
pJOE-FW	5'-CTTTCCCTGGTTGCCAATGG-3'	
F93H-FW	5'-CTGGTGGGCCACGACATGGGC-3'	Einfügen der Mutation F93H
F93H-RV	5'-GCCCATGTCGTGGCCCACCAG-3'	
V139Y-FW	5'-CACGAGTCGTGGTACTTCGCAAGGTTC-3'	Einfügen der Mutation V139Y
V139Y-RV	5'-GAACCTTGCGAAGTACCACGACTCGTG-3'	
PFE-FW	5'-CTTAAGAAGGAGATATACATATGAGCACATTTGT-3'	Amplifikation des PFE-Gens
PFE-RV	5'-GAAGCTTGGCTGCAGTCAATGATG-3'	
Link-EchA-PFE-Helix-FW	5'-GTTGAGGTCGTGGGCTCGAGTCGCGCGCAGTTCATCAGC-3'	SOE-PCR zur Herstellung der PFE-EchA-Helix-Chimäre
Link-EchA-PFE-Helix-RV	5'-GCTGATGAACTGCGCGCGACTCGAGCCCACGACCTCAAC-3'	
Link-PFE-EchA-Helix-FW	5'-CGACTATCCGCAGGGTGTCTGGTACTCCAATTCCATCAACTAGAT-3'	SOE-PCR zur Herstellung der PFE-EchA-Helix-Chimäre
Link-PFE-EchA-Helix-RV	5'-GTTGATGGAATTGCGAGTACCAGACACCCTGCGGATAGTCGGGCTT-3'	
Link-EchA-PFE-Cap-FW	5'-CTGCTGGGCGCCGTCATCCAGCCCGACTTTGGGC-3'	SOE-PCR zur Herstellung der PFE-EchA-Cap-Chimäre
Link-EchA-PFE-Cap-RV	5'-GCCCAAAGTCGGGCTGGATGACGGCGCCCAGCAG-3'	
Link-PFE-EchA-	5'-CCGATGCCGCTCTGTGGTTCCGCCCGGACATGG	SOE-PCR zur Herstellung

6. Materialien und Methoden

Cap-FW Link-PFE-EchA-Cap-RV	C-3' 5'-GCCATGTCCGGGCGGAACCACAGAGCGGCATCG G-3'	der PFE-EchA-Cap-Chimäre
Link-EchA-PFE-Loop-FW Link-EchA-PFE-Loop-RV	5'-CCTGGTGCTGCTGGGCCCTATCCAG CCCGACTTTGG-3' 5'-CCAAAGTCGGGCTGGATAGGGCCCA GCAGCACCAGG-3'	SOE-PCR zur Herstellung der PFE-EchA-Loop-Chimäre
Link-PFE-EchA-Loop-FW Link-PFE-EchA-Loop-RV	5'-CGTCCACGAGTCGTGGTACTTCGCAAGGTTCAAGA CTGAGCTG-3' 5'-CAGCTCAGTCTTGAACCTTGCGAAGTACCACGACT CGTGGACG-3'	SOE-PCR zur Herstellung der PFE-EchA-Loop-Chimäre
D107S,A109G-FW D107S,A109G-RV	5'-CGTTGGCCATTCCTTCGGGGCCATCGTCCC-3' 5'-GGGACGATGGCCCCGAAGGAATGGCCAACG-3'	Einfügen der Mutationen D107S und A109G
V24K-FW V24K-RV	5'-GAAAATCCACTACAAGCGCGAGGGAG-3' 5'-CTCCCTCGCGCTTGTAGTGGATTTTC-3'	SOE-PCR zum Einfügen der Mutation V24K in das EchA-Gen
F41S,W42S,W43D,E44N-FW F41S,W42S,W43D,E44N-RV	5'-GGCTGGCCCGGGTCCTCGGATAACTGGAGCAAGG TCATAGG-3' 5'-CCTATGACCTTGCTCCAGTTATCCGAGGACCCGGG CCAGCC-3'	SOE-PCR zum Einfügen der Mutationen F41S, W42S, W43D, E44N in das EchA-Gen
Q89L-FW Q89L-RV	5'-GGCCGACGACCTAGCAGCCCTTC-3' 5'-GAAGGGCTGCTAGGTCGTCGGCC-3'	SOE-PCR zum Einfügen der Mutation Q89L in das EchA-Gen
C172R-FW C172R-RV	5'-GTCGCGAGGTGCGCAAGAAGTACTTC-3' 5'-GAAGTACTTCTTGCGCACCTCGCGAC-3'	SOE-PCR zum Einfügen der Mutation C172R in das EchA-Gen
H198F,C202AFW H198F,C202A-RV	5'-GAACTTGAGGTTTTCGTCGATAACGCTATGAAGCCT G-3' 5'-CAGGCTTCATAGCGTTATCGACGAAAACCTCAAGTT C-3'	SOE-PCR zum Einfügen der Mutationen H198F, C202A in das EchA-Gen
Y214S,Y215L-FW Y214S,Y215L-RV	5'-GAGGCTTCAACTCCTTGCGTGCCAACATAAG-3' 5'-CTTATGTTGGCACGCAAGGAGTTGAAGCCTC-3'	SOE-PCR zum Einfügen der Mutationen Y214S, Y215L in das EchA-Gen
F276G-FW F276G-RV	5'-CTGCGGTCACGGCTTGATGGTCG-3' 5'-CGACCATCAAGCCGTGACCGCAG-3'	SOE-PCR zum Einfügen der Mutation F276G in das EchA-Gen
E81,K86,E87-gut-FW E81,K86,E87-gut-RV	5'-GCCCAGTTGATCRRMCACCTGGACCTCRRMVVMGT GACCCTGGTGGGC-3' 5'-GCCCACCAGGGTCACKBBKYYGAGGTCCAGGTGKY YGATCAACTGGGC-3'	Herstellung der Bibliothek A zur Stabilisierung der PFE
E81,K86,E87-schl-FW E81,K86,E87-	5'-GCCCAGTTGATCKKBCACCTGGACCTCKKBKKBGTG ACCCTGGTGGGC-3' 5'-GCCCACCAGGGTCACVMMVMMGAGGTCCAGGTGV	Herstellung der Bibliothek NA zur Stabilisierung der PFE

6. Materialien und Methoden

E81,K86,E87-schl-FW	5'-GCCCAGTTGATCKKBCACCTGGACCTCKKBKKBGTGACCCTGGTGGGC-3'	Herstellung der Bibliothek **NA** zur Stabilisierung der **PFE**
E81,K86,E87-schl-RV	5'-GCCCACCAGGGTCACVMMVMMGAGGTCCAGGTGVMMGATCAACTGGGC-3'	
E81,K86,E87-NNK-FW	5'-CAGTTGATCNNKCACCTGGACCTCNNKNNKGTGACCCTG-3'	Herstellung der Bibliothek **NNK** zur Stabilisierung der PFE
E81,K86,E87-NNK-RV	5'-CAGGGTCACMNNMNNGAGGTCCAGGTGMNNGATCAACTG-3'	
PFE-Cons-FW	5'-GCCCAGTTGATCGACCACCTGGACCTCGAGCGGGTGACCCTGGTGGGC-3'	Herstellung der Konsensus-Mutante E81D, K86E, E87R
PFE-Cons-RV	5'-GCCCACCAGGGTCACCCGCTCGAGGTCCAGGTGGTCGATCAACTGGGC-3'	
W28X-GUT-FW	5'-GTTCAGCCACGGTKBSCTACTGGATGCCG-3'	Herstellung der Bibliothek **A** zur Erhöhung der Enantioselektivität der PFE
W28X-GUT-RV	5'-CGGCATCCAGTAGSVMACCGTGGCTGAAC-3'	
V121X-GUT-FW	5'-GCTGCTGGGCGCCRBCACCCCGCTGTTCG-3'	Herstellung der Bibliothek **A** zur Erhöhung der Enantioselektivität der PFE
V121X-GUT-RV	5'-CGAACAGCGGGGTGVYGGCGCCCAGCAGC-3'	
F198X-GUT-FW	5'-GATTGCGTCACCGCGKKKGCCGAAACCGACTTC-3'	Herstellung der Bibliothek **A** zur Erhöhung der Enantioselektivität der PFE
F198X-GUT-RV	5'-GAAGTCGGTTTCGGCMNNCGCGGTGACGCAATC-3'	
V225X-GUT-FW	5'-GGCGACCAGATCDYACCGTTCGAGACC-3'	Herstellung der Bibliothek **A** zur Erhöhung der Enantioselektivität der PFE
V225X-GUT-RV	5'-GGTCTCGAACGGTRHGATCTGGTCGCC-3'	
W28X-SCHL-FW	5'-GTTCAGCCACGGTSVMCTACTGGATGCCG-3'	Herstellung der Bibliothek **NA** zur Erhöhung der Enantioselektivität der PFE
W28X-SCHL-RV	5'-CGGCATCCAGTAGKBSACCGTGGCTGAAC-3'	
V121X- SCHLFW	5'-GCTGCTGGGCGCCBRKACCCCGCTGTTCG-3'	Herstellung der Bibliothek **NA** zur Erhöhung der Enantioselektivität der PFE
V121X- SCHL-RV	5'-CGAACAGCGGGGTMYVGGCGCCCAGCAGC-3'	
F198X-SCHL-FW	5'-GATTGCGTCACCGCGVRMGCCGAAACCGACTTC-3'	Herstellung der Bibliothek **NA** zur Erhöhung der Enantioselektivität der PFE
F198X- SCHL-RV	5'-GAAGTCGGTTTCGGCKYBCGCGGTGACGCAATC-3'	
V225X-SCHL-FW	5'-GGCGACCAGATCBRKCCGTTCGAGACC-3'	Herstellung der Bibliothek **NA** zur Erhöhung der Enantioselektivität der PFE
V225X-SCHL-RV	5'-GGTCTCGAACGGMYVGATCTGGTCGCC-3'	
W28X-NNK-FW	5'-GTTCAGCCACGGTNNKCTACTGGATGCCG-3'	Herstellung der Bibliothek **NA** zur Erhöhung der Enantioselektivität der PFE
W28X-NNK-RV	5'-CGGCATCCAGTAGMNNACCGTGGCTGAAC-3'	
´c	5'-GCTGCTGGGCGCCNNKACCCCGCTGTTCG-3' 5'-CGAACAGCGGGGTMNNGGCGCCCAGCAGC-3'	Herstellung der Bibliothek **NNK** zur Erhöhung der Enantioselektivität der PFE
F198X-NNK-FW	5'-GATTGCGTCACCGCGNNKGCCGAAACCGACTTC-3'	Herstellung der Bibliothek **NNK** zur Erhöhung der Enantioselektivität der PFE
F198X-NNK-RV	5'-GAAGTCGGTTTCGGCMNNCGCGGTGACGCAATC-3'	

6. Materialien und Methoden

6.1.6 Computerprogramme

Programm	Quelle/Hersteller	Anwendung
3DM	http://3dmcsis.systemsbiology.nl/?mode=home	Struktur-basiertes multiples Sequenzalignment
B-Fitter	http://www.mpi-muelheim.mpg.de/kofo/ institut/arbeitsbereiche/reetz/reetz_e.html	Extraktion flexibler Aminosäuren aus der pdb-Datei
Blast	http://www.ncbi.nlm.nih.gov/BLAST/	Nukleotid-Sequenz-Alignment
Caster	http://www.mpi-muelheim.mpg.de/kofo/ institut/arbeitsbereiche/reetz/reetz_e.html	Planung von ISM-Experimenten
clustalw	http://www2.ebi.ac.uk/CLUSTALW/	Protein-Sequenz-Alignment
Pymol	http://pymol.sourceforge.net	Strukturmodelle und -Alignments
VectorNTI advanced 9.0	InforMax™Invitrogen	Arbeiten mit Nukleotidsequenzen
Yasara	Yasara Bioscience (Graz)	Moleküldynamische Berechnungen

6.1.7 Plasmide

Die Gene der Esterase aus *Pseudomonas fluorescens* und der Epoxidhydrolase aus *Agrobacterium radiobacter* befindet sich im Vektor pJOE2972.1[145] (mit PFE-Gen in Abbildung 6.1 dargestellt). Es handelt sich um einen Expressionsvektor, bei dem sich das Gen unter der Kontrolle des Rhamnose induzierbaren-Promotors (rhaP) aus *E. coli* befindet und von den Schnittstellen *Bam*HI und *Nde*I flankiert wird. Zur Selektion enthält er ein Ampicillin-Resistenz vermittelndes β-Lactamase-Gen. Gleichzeitig handelt es sich um ein Plasmid, das nur in geringer Zahl in den Zellen vorliegt ('*low-copy*'-Plasmid). Ein C-terminaler *poly*-Histidin-*tag* ermöglicht die Aufreinigung über Metallaffinitätschromatograpie.

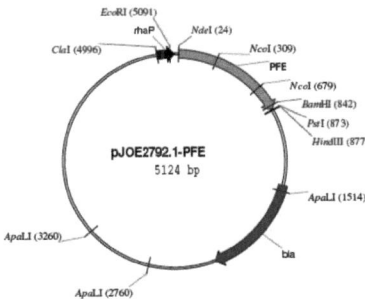

Abbildung 6.1: Plasmidkarte von pJOE2972.1 mit dem Gen der PFE.

Die Gene der Chaperone befinden sich in unterschiedlichen Kombinationen auf kommerziell erhältlichen Plasmiden. Alle Plasmide tragen zur Selektion ein Resistenz vermittelndes Chloramphenicol-Acetyltransferase-Gen. Promotoren, Induktoren und die jeweiligen Chaperone sind in Tabelle 6.1 gezeigt.

Tabelle 6.1: Merkmale der TaKaRa-Chaperon-Plasmide

Plasmid	Exprimierte Proteine	Promotor	Induktionsmittel
pG-KJE8	dnaK, dnaJ, grpE,	araB	L-Arabinose
	groES, groEL	Pzt1	Tetracyclin
pGRO7	groES, groEL	araB	L-Arabinose
pKJE7	dnaK, dnaJ, grpE	araB	L-Arabinose
pG-Tf2	groES, groEL, tig	Pzt1	Tetracyclin
pTf16	tig	araB	L-Arabinose

6.1.8 Medien, Zusätze und Induktoren

Medien und Induktoren

Medium/Zusatz	Herstellung
Luria-Bertani-Medium (LB)[170]	0,5% (m/v) Hefeextrakt
	1% (m/v) Trypton
	1% (m/v) NaCl
	in Aqua dest.
LB-Agar-Nährmedium	1,5% (w/v) Agar in LB-Medium
LB-SOC-Medium	10% (v/v) sterile 10x SOC-Lösung in sterilem LB-Medium
10x - SOC-Lösung	0,2% (w/v) KCl
	2,0% (w/v) $MgCl_2$
	2,0% (w/v) $MgSO_4$
	4,0% (w/v) Glucose
L-Arabinose-Lösung	5% (w/v) L-Arabinose sterilfiltriert
L-Rhamnose-Lösung	20% (w/v) L-Rhamnose sterilfiltriert

Antibiotika

Antibiotika wurden zur Selektion der rekombinanten Mikroorganismen und zur Induktion einiger Plasmide bei der Herstellung von Flüssigmedien bzw. Agarplatten zugegeben.

Antibiotikum	Konzentration	Verwendung
Ampillcin	100 µg/ml	Selektion (pJOE2972.1)
Chloramphenicol	25 µg/ml	Selektion (pG-KJE8, pGRO7, pKJE7, pG-Tf2, pTf16)
Tetracyclin	5 ng/µl	Induktion (pG-KJE8 und pG-Tf2)

6.1.9 Puffer und Lösungen

Puffer/Lösung	Zusammensetzung
10xSDS-PAGE-Laufpuffer	30,3 g Tris; 144 g Glycin; 10 g SDS; in *Aqua dest.* lösen; pH 8,4 einstellen; ad 1 l *Aqua dest.*
6x-DNA-Auftragspuffer	30 % (v/v) Glycerin; 0,2 % (w/v) Bromphenolblau; 25 mM EDTA; pH 7,5
50x-TAE-Puffer	242 g Tris; 57,1 g Essigsäure; 0,5 M EDTA; pH 8; ad 1 l *Aqua dest.*
Acrylamid	30% Acrylamid; 0,8% Bisacrylamid; in Aqua dest.
Agarose-Gel	0,7% bis 2% Agarose in 1xTAE-Puffer; 1 µl Ethidiumbromid pro 10 ml Agaroselösung
Anodenpuffer 1	36,3 g Tris-HCl, pH 10,4; 200 ml Methanol; ad 1l *Aqua dest.*
Anodenpuffer 2	3,03 g Tris-HCl, pH 10,4; 200 ml Methanol; ad 1l *Aqua dest.*
APS	10% (w/v) Ammoniumpersulfat in *Aqua dest.*
BCIP	5% (w/v) 5-Brom-4-chlor-indolylphosphat in 100% DMF
Bradford-Stammlösung	0,1 g Coomassie-Brilliant-Blue G 250; 50 ml 50% Ethanol; 100 ml 85% Phosphorsäure; 250 ml A. dest.
BSA	Rinderserumalbumin
Cer Reagenz	25 g Molybdatophosphorsäure; 10 g Cer-(IV)-Sulfat; 80 ml konz. Schwefelsäure; *ad 1 l A. dest.*
Coomassie-Färbelösung	1 g Coomassie- Brilliant- Blue G 250; 100 ml Essigsäure; 300 ml Methanol; 600 ml *Aqua dest.*
Detektionspuffer	100 mM Tris-HCl; 100 mM NaCl; 5 mM $MgCl_2$, pH 9,5
DNA Marker	1kb Leiter von Sigma
Elutionspuffer-Proteinaufreinigung (Äkta)	20 mM Tris-HCl; 500 mM NaCl, pH 7.5 (filtrieren)
Elutionspuffer-Talon®	50 mM Natriumacetat; 300 mM NaCl, pH 5
Entfärbelösung	100 ml Essigsäure; 300 ml Methanol; 600 ml *Aqua dest.*
Kathodenpuffer	5,2 g ε-Aminocapronsäure; 200 ml Methanol; ad 1 l *Aqua dest.*; pH 7,6 einstellen
Lysispuffer	Natriumphosphatpuffer (50 mM, pH 7,5); 1% (v/v) BugBuster®; 0,1% (v/v) DNase-Lösung (1 mg/ml *in Aqua dest.*)
MES-Puffer	20 mM 2-(N-Morpholino)-ethansulfonsäure; 100 mM NaCl, pH 5,0
Natriumphosphatpuffer 50 mM pH 7,5	77,4 ml 1 M Na_2HPO_4; 22,6 ml 1 M NaH_2PO_4; ad 1 l *Aqua dest.*
NBT	5% (w/v) Nitrotetrazoliumblau in 70% DMF
pNPA-Lösung	10 mM *p*-Nitrophenylacetat in DMSO
pNP-3-PBS-Lösung	1 mM 3-Phenylbuttersäure-*p*-Nitrophenylester in Acetonitril
RF1 Puffer	100 mM $RbCl_2$; 50 mM $MnCl_2$; 30 mM KOAc; 10 mM $CaCl_2$; 15% Glycerol; pH auf 5,8 mit 0,2 M CH_3COOH einstellen; steril filtrieren
RF2 Puffer	10 mM $RbCl_2$; 75 mM $CaCl2$; 10 mM 3-(N-Morpholino)-propansulfonsäure

RF2 Puffer	10 mM RbCl$_2$; 75 mM CaCl2; 10 mM 3-(N-Morpholino)-propansulfonsäure (MOPS); 15% Glycerol; auf pH 7 einstellen
Ponceau-Rot-Lösung	0,1% (w/v) Ponceau-S; 5% (v/v) Essigsäure
Probenpuffer ('Sample loading buffer') für SDS-Gele	3,55 ml Aqua dest.; 1,25 ml 0,5 M Tris-HCl pH 8 ; 2,5 ml Glycerol; 2,0 ml 10% (w/v) SDS; 0,2 ml 0,5% (w/v) Bromphenolblau; 0,5 ml β-Mercaptoethanol; ad 10 ml Aqua dest.
Proteinstandard	Marker von Sigma: Low Range (Molekulargewicht von 6,5 bis 66 kDa) Marker von Roth: Roti®-Mark Standard (Molekulargewicht von 14,3 bis 200 kDa)
TAE-Puffer	242 g Tris base; 57,1 ml Eisessig; 100 ml 0,5 M EDTA pH 8; ad 1000 ml Aqua dest.
TBS-Puffer	10 mM Tris-HCl; 150 mM NaCl, pH 7,5
TBS-Tween-Puffer	20 mM Tris-HCl; 500 mM NaCl; 0,05% (v/v) Tween 20, pH 7,5
Tris- HCl 0,5 M pH 6,8 ('upper' Tris)	6 g Tris; 0,1 g SDS; ad 100 ml Aqua dest.
Tris- HCl 1,5 M pH 8,8 ('lower' Tris)	18,2 g Tris; 0,1 g SDS; ad 100 ml Aqua dest.
Waschpuffer-Äkta	20 mM Tris-HCl; 500 mM NaCl; 300 mM Imidazol; pH 7.5 (filtrieren)

6.2 Methoden

6.2.1 Mikrobiologische Methoden

6.2.1.1 Stammhaltung

Zur längeren Aufbewahrung der Stämme wurden Glycerinstocks angefertigt. Dazu wurden Übernachtkulturen mit Glycerin (Endkonzentration 10-15%) vermischt und bei -80°C gelagert. Alle Stämme wurden außerdem auf entsprechenden Agarplatten ausgestrichen, bei 4°C aufbewahrt und alle 4-6 Wochen auf eine neue Platte überimpft.

6.2.1.2 Übernachtkulturen

Zur Anzucht von Übernachtkulturen (ÜN-Kulturen) wurden je 3 ml bzw. 5 ml LB-Medium verwendet. Die Kultivierung verlief in sterilen Reagenzgläsern, welche bei Bedarf mit entsprechenden Antibiotika versetzt wurden. Mittels steriler Zahnstocher wurden die Medien mit Einzelkolonien von Agarplatten oder von Glycerolkulturen angeimpft. Anschließend wurden die Reagenzgläser über Nacht bei 37°C und 220 UpM inkubiert.

6.2.1.3 Kultivierung und Proteinexpression im Schüttelkolben

10 ml-500 ml LB-Medium (je nach Maßstab der Kultivierung) wurden im Schüttelkolben mit Ampicillin (Endkonzentration 100 µg/ml) versetzt und mit einer 1:100 Verdünnung der ÜN-Kultur angeimpft. Bei der Coexpression mit Chaperonen wurde deren Expression schon zu Beginn der Kultivierung induziert. Als Induktoren wurden hierbei je nach Plasmid (*L*)-Arabinose (Endkonzentration = 0,5 mg/ml), sowie Tetracyclin (Endkonzentration = 5 ng/ml) verwendet. Die Inkubation erfolgte je nach Versuchsablauf bei 37°C, 30°C, 25°C oder 20°C und 220 UpM mit begleitender Messung der OD bei 600 nm. Nach Erreichen der gewünschten optischen Dichte (ca. 0,5) wurde die Proteinexpression des Zielproteins (PFE, EchA, oder deren Mutanten) durch Zugabe von (*L*)-Rhamnose-Lösung (Endkonzentration 0,2% v/v) induziert. Die Probennahmen erfolgten zum Zeitpunkt der Induktion und dann, je nach Versuch, an festgelegten Zeitpunkten. Nach etwa 6 h (bei T = 37°C) bzw. 24 h (bei T $\leq$ 30°C) wurden die Zellen geerntet. Dazu wurde die Kultur 15 min bei 4 °C und 4355 g zentrifugiert und das Pellet zweimal mit eiskaltem Phosphatpuffer (pH 7,5; 50 mM) gewaschen. Das Pellet wurde teilweise bei -20°C gelagert.

6.2.1.4 Zellaufschluss

6.2.1.4.1 Zellaufschluss mittels Ultraschall

Um das Enzym aus den Zellen freizusetzen, resuspendierte man, je nach Zelldichte und Kultivierungsmaßstab, in etwa zwei bis zehn Millilitern Phosphatpuffer (50 mM, pH = 7.5) oder Tris-HCl (20 mM, 500 mM NaCl, pH 7,5) (bei nachfolgender Aufreinigung mittels Äkta-Purifier) und behandelte unter Eiskühlung mit Ultraschall bei 50% Pulse (1 min/ml). Anschließend wurde erneut zentrifugiert und der Überstand entweder aufgereinigt, direkt für Untersuchungen verwendet oder in 50% Glycerol bei -20°C gelagert.

6.2.1.4.2 Zellaufschluss mittels French Press

Sollten relativ große Mengen Protein hergestellt werden, wurde diese Methode verwendet. Der Aufschluss der Bakterienzellen erfolgte hierbei mit einer French pressure Cell Press (Thermo Spectronic). Das Zellpellet wurden in 20 ml Phosphatpuffer resuspendiert und dreifach in einer auf 4°C vortemperierten French Press-Druckzelle bei einem Druck von maximal 1500 psi (10,324 MPa) aufgeschlossen. Nach dem Aufschluss der Zellen erfolgte die Gewinnung des Rohextraktes durch Abzentrifugieren der Zellbruchstücke für 20 min bei 4000 g und 4°C. Der Überstand diente für weitere Untersuchungen.

6.2.1.4.3 Zellaufschluss mittels Zellhomogenisator

Sollten kleinere Mengen von relativ vielen unterschiedlichen Proteinen für Untersuchungen zur Verfügung stehen, wurde diese Methode verwendet. Diese schnellere Zellaufschlussmethode funktioniert unter Verwendung des Zellhomogenisator Fastprep 24. Hierzu wurde die Pellets in 2-5 ml Phsophatpuffer resuspendiert und 4 ml Silikagelmatrix mit einer Partikelgröße von 0,1 mm zugegeben. Der Aufschluss der Proben erfolgte durch dreifache Prozessierung bei 4 m/s für je 40 Sekunden. Zwischen den Aufschlussschritten wurden die Proben auf Eis gekühlt. Nach dem Aufschluss der Zellen erfolgte die Gewinnung des Rohextraktes durch Abzentrifugation der Zellbruchstücke für 20 min bei 4000 g und 4°C. Der Überstand diente für weitere Untersuchungen.

6.2.1.5 Kultivierung in der Mikrotiterplatte

Einzelne Kolonien wurden mittels Kolonienpicker in die Vertiefungen der Mikrotiterplatten zu 180 µl LB-Medium (enthält 100 µg/ml Ampicllin) überführt. Die Platten wurden anschließend für 16 h bei 37°C und 220 UpM inkubiert. Die Kultur befindet sich dann in der stationären Phase ihres Wachstums. Damit war sichergestellt, dass sich die Kulturen in allen Vertiefungen der Platte in der gleichen Wachstumsphase befanden.
Für die Untersuchungen zur Thermostabilität wurden diese Platten direkt mit 20 µl (L)-Rhamnoselösung induziert und für weitere 2,5 h inkubiert. Weiterhin wurden alle 96 Klone mittels eines Stempels auf LB-Agarplatten (100 µg/ml Ampicillin) abgelegt. Anschließend wurden die Platten bei 1935 g zentrifugiert und die Pellets jeweils in 200 µl Lysispuffer resuspendiert. Nach 1 h Inkubation bei 37°C standen die Proteine für weitere Untersuchung zur Verfügung.
Für die Untersuchungen zur Enantioselektivität und Substratspezifität wurden 50 µl der sich in der stationären Phase befindenden Kulturen in 150 µl frisches LB-Medium (100 µg/ml Ampicillin) gegeben und für 4 h bei 37° und 220 UpM inkubiert. Anschließend wurde mit 20 µl (L)-Rhamnoselösung induziert und weitere 18 h bei 30°C und 220 UpM inkubiert. Nachfolgend wurde bei 1935 g zentrifugiert und die Pellets jeweils in 100 µl Lysispuffer resuspendiert. Nach 1 h Inkubation bei 37°C standen die Proteine für weitere Untersuchung zur Verfügung. Die übrigen 150 µl der sich in der stationären Phase befindenden Kulturen wurden mit 100 µl 50% (v/v) Glycerol versetzt und die Platten bei -80°C gelagert.

6.2.1.6 Herstellung kompetenter Zellen nach der RbCl$_2$-Methode[171]

100 ml SOB-Medium wurden mit der jeweiligen Übernachtkultur angeimpft und bis zu einer OD$_{600}$ von 0,3-0,4 bei 37°C und 200 UpM inkubiert. Danach wurden die Zellen 15 min auf Eis inkubiert und 25 min bei 4°C und 4400 UpM zentrifugiert. Die folgenden Lösungen und Materialien mussten zuvor gekühlt werden. Der Überstand wurde verworfen, das Pellet wurde in 20 ml RF 1-Puffer resuspendiert und wiederum für 15 min auf Eis inkubiert. Nach der Zentrifugation bei 4°C und 4000 UpM für 25 min wurde das Pellet in 4 ml RF 2-Puffer gelöst, wiederholt für 15 min auf Eis inkubiert und die Lösung in 50 µl Aliquots aufgeteilt. Die Aliquots wurden bei -80°C gelagert.

6.2.1.7 Herstellung elektrokompetenter Zellen

Für die Herstellung elektrokompetenter *E. coli*-Zellen wurden 50 ml LB Medium mit einer Übernachtkultur des zu elektroporierenden Stammes angeimpft und bis zu einer OD$_{600}$ zwischen 0,5 und 0,7 bei optimaler Wachstumstemperatur inkubiert. Die Kultur wurde zunächst ca. 15 min auf Eis inkubiert, bevor die Zellen durch Zentrifugation (10 min, 4000 UpM, 4°C) geerntet wurden. Das Medium wurde entfernt und das Pellet dreimal mit je 20 ml eiskalter 10%iger steriler Glycerollösung gewaschen. Zum Schluss wurde das Zellpellet in 500 µl eiskalte Glycerollösung resuspendiert und à 50 µl aliquotiert. Die elektrokompetenten Zellen konnten anschließend für die Elektroporation eingesetzt werden. Die Zellen wurden bei -80°C gelagert.

6.2.2 Molekularbiologische Methoden

6.2.2.1 Plasmidpräparation *QIAprep Spin Plasmid Kit* (Qiagen)

Die Zellen der Übernachtkulturen wurden abzentrifugiert (10 min, 4500 UpM). Die Plasmidisolierung erfolgte nach Angaben des Herstellers, wobei das Pellet zuerst in 250 µl Buffer P1 resuspendiert und in ein Eppendorf-Mikroreaktionsgefäß überführt wurde. Nach Zugabe von 250 µl Buffer P2 und 350 µl Buffer N3 wurde 10 min bei 13000 UpM zentrifugiert, der Überstand in eine *QIAprep Spin Column* pipettiert und bei 13000 UpM 10 min lang zentrifugiert. Danach erfolgte ein Waschschritt mit 750 µl Buffer PB mit anschließender Zentrifugation (1 min, 13000 UpM). Eluiert wurde mit 50 µl sterilem *A. dest* bzw., für Sequenzierungsproben, mit 50 µl EB-Buffer.

6. Materialien und Methoden

6.2.2.2 Photometrische DNA-Konzentrationsbestimmung (NanoDrop)

Die Konzentrationsbestimmung der isolierten Plasmid-DNA erfolgte bei 260 nm mit einem NanoDrop ND-1000 (Preqlab). Für die Messung genügte dabei 1 µl Probe. Zunächst erfolgte die Messung des Nullwertes mit 1 µl sterilem Wasser. Anschließend wurde 1 µl der Probe aufgetragen und aus der Extinktion bei 260 nm die DNA-Konzentration bestimmt. Der Extinktionsquotient E260 nm/E280 nm gilt als Maß für die Reinheit der DNA. Ein Verhältnis von 1,8 weist dabei auf eine reine DNA-Lösung hin.

6.2.2.3 Sequenzierung von Plasmid-DNA

Die Plasmid-DNA aus einer Übernachtkultur wurde isoliert (Kapitel 6.2.2.1). Die Sequenzierung erfolgte durch GATC Biotech (Konstanz). Als Sequenzierungsprimer dienten dabei pJOE-FW und pJOE-RV (Sequenzen siehe Kapitel 6.1.5)

6.2.2.4 Polymerasekettenreaktion (*Polymerase Chain Reaction*, PCR)

Mit Hilfe der Polymerasekettenreaktion lassen sich Polynukleinsäuren in vielfachen Kopien herstellen. Es wurden verschiedene Varianten dieser Methode verwendet, die nachfolgend näher erklärt werden sollen.

6.2.2.4.1 Positionsgerichtete Mutagenese (QuikChange[TM])

Durch den *QuikChange Site Directed Mutagenesis* Kit (Stratagene) wird das Plasmid mit zwei komplementären Primern, welche die gewünschte Mutation enthalten, amplifiziert. Nachfolgend wird das Templat mit einem spezifischen Restriktionsenzym (*Dpn*I) verdaut. Tabelle 6.2 zeigt das PCR-Thermocycler-Programm zur Mutagenese durch die *QuikChange*[TM]-Methode.

Ansatz zur Mutagenese durch die QuikChange-Methode[TM]:

5 µl	10 x Reaktionspuffer
1 µl	*ds*DNA Templat (pJOE2972.1 mit PFE, EchA oder deren Mutanten)
1 µl	Vorwärts-Primer (12,5 pmol/µl)
1 µl	Rückwärts-Primer (12,5 pmol/µl)
1 µl	dNTPmix

Aqua dest. ad 50µl

0,3 µl *Pfu*-DNA Polymerase

Tabelle 6.2: PCR-Programm zur positionsgerichteten Mutagenese

Zyklen	Temperatur	Zeit
1	95°C	3 min
16	95°C	30 s
	60°C	30 s
	72°C	5 min 30 s
1	72°C	10 min
1	4°C	∞

Anschließend wurde das erhaltene PCR-Produkt mit 1 µl *DpnI* versetzt, 1 h bei 37°C inkubiert und transformiert.

6.2.2.4.2 Positionsgerichtete Sättigungsmutagenese

Herstellung der Mutanten-Bibliotheken zur Thermostabilisierung der PFE
Unter Verwendung des gleichen Protokolls wie bei der positionsgerichteten Mutagenese wurden unter Verwendung degenerierender Primer die Bibliotheken zur Verbesserung der Thermostabiliät hergestellt.

Herstellung der Mutanten-Bibliotheken zur Veränderung der Enantioselektivität und Substratspezifität der PFE
Hier wurde für die positionsgerichtete Sättigungsmutagenese an der ersten Position W28 der PFE das Protokoll der positionsgerichteten Mutagenese verwendet. Nachfolgend wurden von diesen Transformanden so viele Klone gepickt und vereint, dass 95% aller Kombinationen abgedeckt sind. Aus dieser Kultur wurde das Plasmid isoliert und für die folgende Sättigungsmutagenese als Templat verwendet. Auf diese Weise wurden alle vier Positionen mit entsprechenden degenerierenden Primern mutiert. Da jede Bibliothek am Ende nicht mehr als 600 Klone enthalten sollte, wurden nie mehr als 600 Varianten für die Plasmidisolierung verwendet. Die Reaktionsansätze und das PCR-Programm waren ansonsten genauso wie bei der positionsgerichteten Mutagenese.

6.2.2.4.3 SOE-PCR (*Splicing by Overlap-Extension PCR*)

Multiple positionsgerichtete Mutagenese
Die SOE-PCR wurde angewandt, um mehr als eine Mutation, die in der Nukleotidsequenz weit von einander entfernt liegen, in das Gen der PFE bzw. EchA einzufügen. In einem ersten Schritt wurden in separaten Reaktionsansätzen einzelne Fragmente amplifiziert, die in einem zweiten Schritt zum kompletten Gen zusammengesetzt wurden. Im ersten

Reaktionsansatz wurde das Fragment vom 5'-Ende des Gens bis zur ersten einzufügenden Mutation amplifiziert, wobei unter Verwendung eines die gewünschte Mutation tragenden Rückwärts-Primers diese in dieses Fragment inkorporiert wurde. Im zweiten Reaktionsansatz wurde das Fragment von der ersten Mutation bis zur zweiten Mutation von 5'- in 3'-Richtung amplifiziert. Hierbei wurde der komplementäre Vorwärts-Primer zum zuvor verwendeten Rückwärts-Primer und der entsprechende nächste mutagene Rückwärts-Primer verwendet. Auf diese Weise wurden bis zum 3'-Ende des Gens entsprechend viele Fragmente hergestellt. Das Programm zur Amplifikation dieser Fragmente ist in Tabelle 6.3 angegeben.

Ansatz zur multiplen positionsgerichteten Mutagenese durch SOE-PCR – Schritt 1:

5 µl   10 x Reaktionspuffer
1 µl   dsDNA Templat (pJOE2972.1 mit PFE, EchA oder deren Mutanten)
1 µl   Vorwärts-Primer (12,5 pmol/µl)
1 µl   Rückwärts-Primer (12,5 pmol/µl)
1 µl   dNTPmix
Aqua dest. ad 50µl
0,3 µl *Pfu*-DNA Polymerase

Tabelle 6.3: PCR-Programm für den 1. Schritt der SOE-PCR

Zyklen	Temperatur	Zeit
1	95°C	3 min
16	95°C	30 s
	60°C	30 s
	72°C	30 s
1	72°C	2 min
1	4°C	∞

Anschließend wurden die Fragmente über Agarosegelelektrophorese (2%iges Agarosegel) aufgereinigt und aus dem Gel extrahiert. Im zweiten Schritt wurden alle Fragmente in einen Reaktionsansatz gegeben und das komplette Gen mittels terminaler, Gen-spezifischer Primer amplifiziert. Nachfolgend wurde das Gen wieder aufgereinigt, extrahiert und in einen Expressionsvektor kloniert.

Ansatz zur multiplen positionsgerichteten Mutagenese durch SOE-PCR – Schritt 2:

5 µl   10 x Reaktionspuffer
1 µl   jedes Fragment aus Schritt 1
1 µl   Vorwärts-Primer (12,5 pmol/µl)
1 µl   Rückwärts-Primer (12,5 pmol/µl)
1 µl   dNTPmix

Aqua dest. ad 50µl

0,3 µl *Pfu*-DNA Polymerase

Tabelle 6.4: PCR-Programm für den 2. Schritt der SOE-PCR

Zyklen	Temperatur	Zeit
1	95°C	3 min
16	95°C	30 s
	60°C	30 s
	72°C	60 s
1	72°C	3 min
1	4°C	∞

Herstellung der PFE-EchA-Chimären

Das gleiche Prinzip wurde angewandt, um die PFE-EchA-Chimärenzyme herzustellen. Im ersten Schritt wurden drei Fragmente amplifiziert, die jeweils Überhänge hatten, die komplementär zu dem Teil waren, mit dem sie verknüpft werden sollten. Das erste Fragment war demnach das 5'-Ende der PFE bis zu der Stelle, an der das Fragment der EchA positioniert werden sollte. An dieser Stelle hatte das PFE-Fragment einen ca. 25 bp großen Überhang, der komplementär zum 5'-Ende des EchA-Fragmentes war. Das zweite Fragment war das EchA-Fragment selbst mit zum PFE-Gen komplementären Überhängen zu beiden Seiten. Das dritte Fragment war das 3'-Ende der PFE mit einem dem EchA-Gen komplementären Überhang am 5'-Ende. Alle drei Fragmente wurden amplifiziert, über Agarosegelektrophorese aufgereinigt, extrahiert und wie oben beschrieben zum kompletten Gen verknüpft. Die PCR-Programme und der Ansatz in Schritt 2 wurden bei der multiplen positionsgerichteten Mutagenese mit SOE-PCR verwendet.

Ansatz zur Herstellung der PFE-EchA-Chimären durch die SOE-PCR – Schritt 2:

5 µl 10 x Reaktionspuffer

1 µl dsDNA Templat (pJOE2972.1 mit PFE für Ansatz 1 und 3; pJOE2972.1 mit EchA für Ansatz 2)

1 µl Vorwärts-Primer (12,5 pmol/µl)

1 µl Rückwärts-Primer (12,5 pmol/µl)

1 µl dNTPmix

Aqua dest. ad 50µl

0,3 µl *Pfu*-DNA Polymerase

6.2.2.4.4 Kolonie-PCR

Zur schnellen Überprüfung, ob die Ligation von Vektor und mutiertem Insert funktioniert hat, wurde die Kolonie-PCR durchgeführt. Hierzu wurde ein Mastermix hergestellt, der alle PCR-Komponenten bis auf das Templat enthielt. Es wurden Gen-spezifische Primer verwendet.

Ansatz für die Kolonie-PCR:
14 µl   10 x Reaktionspuffer
3 µl   Vorwärts-Primer (12,5 pmol/µl)
3 µl   Rückwärts-Primer (12,5 pmol/µl)
3 µl   dNTPmix
Aqua dest. ad 140 µl
0,9 µl *Pfu*-DNA Polymerase

Der Mastermix wird in 28 Reaktionsansätze à 5 µl aliquotiert und jeweils die zu untersuchenden Klone dazugepickt. Nach Ablauf der Reaktion werden die Fragmente mittels Agarosegelektrophorese untersucht.

Tabelle 6.5: PCR-Programm für die Kolonie-PCR

Zyklen	Temperatur	Zeit
1	95°C	3 min
25	95°C	30 sek
	60°C	30 sek
	72°C	60 sek
1	72°C	3 min
1	4°C	∞

6.2.2.5 DNA-Agarosegelelektrophorese[172]

Der Nachweis von DNA nach der Elektrophorese erfolgte mit Ethidiumbromid, einem rotem Farbstoff, der zwischen die Basenpaare der DNA interkaliert und in diesem Zustand sehr stark fluoresziert, was DNA-Banden bei 312 nm sichtbar macht.
Die DNA-Gelelektrophorese wurde in einem Flachbett-Gel-System durchgeführt. Die elektrophoretische Trennung erfolgte bei konstanter Spannung von 100 V bis die Bromphenolblau-Bande etwa ein Dreiviertel des Gels durchlaufen hatte. Zur Auswertung und Dokumentation werden die DNA-Banden mit dem zwischen die Basenpaare interkalierenden Ethidiumbromid im Gel auf dem UV-Leuchttisch zur Fluoreszenz angeregt und das Bandenmuster fotografiert. Hierbei ist zu beachten, dass das positiv geladene Ethidiumbromid

entgegengesetzt zur DNA in Richtung der Kathode wandert und kleine DNA-Moleküle Bereiche im Gel erreichen, die weniger oder kein Ethidiumbromid mehr enthalten, was zu einer ungleichmäßigen Färbung der DNA-Banden führt.

6.2.2.6 Reinigung von DNA-Fragmenten aus Agarosegelen

Die zu reinigenden DNA-Fragmente nach einer PCR oder einem präparativen Verdau wurden in einem präparativen Agarosegel aufgetrennt und unter einer UV-Lampe die entsprechenden Fragmente mit einem Skalpell aus dem Agarosegel geschnitten. Zur Isolation der DNA aus den Agarosegelstücken wurde das *QIAquick Gel Extraction Kit* (Qiagen) nach Anleitung des Herstellers verwendet. Das herausgetrennte Agarosegelstück, welches die gewünschte DNA enthielt, wurde gewogen und mit der dreifachen Menge Puffer QG versetzt. Nach zehnminütiger Inkubation bei 50°C versetzte man mit einem Volumenanteil Isopropanol und gab das Gemisch auf eine *QIAquick* Säule. Nach Zentrifugation (1 min, 13000 UpM) wurde der Überstand verworfen, die Säule mit 0,75 ml Puffer PE gewaschen und nach nochmaligem Zentrifugieren (1 min, 13000 UpM) mit 50 µl Puffer EB eluiert.

6.2.2.7 Restriktionsverdau

Der Restriktionsverdau wurde zum einen für analytische Kontrollen der nach der Klonierung erhaltenen Konstrukte und zum anderen für Insert- und Vektorpräparationen zur Vorbereitung von Ligationen verwendet.

Ansatz für einen präparativen Verdau:	Ansatz für einen analytischen Verdau:
5 µl 10 x Restriktionspuffer	1 µl 10 x-Restriktionspuffer
5 µl 10 x BSA-Lösung	1 µl 10 x BSA-Lösung
30 µl Plasmid-DNA	3 µl Plasmid-DNA
5-10 U Restriktionsenzym	1-2 U Restriktionsenzym
Aqua dest. ad 50 µl	*Aqua dest.* ad 10 µl
2-3 Stunden bei 37°C inkubieren	1-2 Stunden bei 37°C inkubieren

6.2.2.8 Ligation mit der T4 DNA-Ligase

Die Ligation erfolgte entsprechend den Angaben des Herstellers der T4 DNA-Ligase in einem Volumen von 20 µl. Es wurde eine Mischung von Insert- und Vektor-DNA vorgelegt und beachtet, dass die Insert-DNA etwa im 3-5-fachen Überschuss im Vergleich zur Vektor-

DNA enthalten war. Nach Zugabe von 2 µl T4 DNA-Ligase und 2 µl Ligations-Puffer (10x) wurde mit Wasser auf 20 µl aufgefüllt und die Lösung über Nacht bei 16°C inkubiert.

6.2.2.9 Hitzeschock-Transformation in *E. coli* DH5α

Mittels RbCl-Methode hergestellte chemisch kompetente *E. coli*-Zellen wurden zuerst auf Eis aufgetaut und dann mit der zu transformierenden DNA (0,5 µl Plasmid-DNA oder 10 µl Ligationsansatz) gemischt. Der Transformationsansatz wurde für 20 min auf Eis gestellt und anschließend für 40 s bei 42°C im Wasserbad (Hitzeschock) und nach Zugabe von 400 µl LB-SOC-Medium eine Stunde bei 37°C inkubiert. Zur Positiv-Selektion der erfolgreich transformierten Zellen wurde die Zellsuspension Ampicllin enthaltenen Agarplatten ausgestrichen und über Nacht bei 37°C inkubiert.

6.2.2.10 Transformation über Elektroporation

Zu 50 µl elektrokompetenten *E. coli*-Zellen wurden maximal 10 µl Plasmid-DNA (ca. 25 ng in destilliertem Wasser) gegeben und die Mischung in vorgekühlte Elektroporationsküvetten überführt. Diese wurden bis zur Elektroporation nochmals auf Eis inkubiert. Die Elektroporation erfolgte für 5 ms bei 2500 V. Direkt nach dem Elektroimpuls wurde 1 ml Flüssigmedium (etwas vorgewärmt) in die Küvette gegeben und die Zelllösung in ein steriles Reaktionsgefäß überführt. Dieses wurde bei optimaler Wachstumstemperatur des Stammes inkubiert. Anschließend wurde die Zellsuspension auf Selektionsplatten ausplattiert und über Nacht ebenfalls bei optimaler Wachstumstemperatur inkubiert.

6.3 Biochemische Methoden

6.3.1 Proteinaufreinigung mittels Metallaffinitätschromatographie

Die Proteine PFE und EchA wurden mit Hilfe des Expressionsvektors pJOE2972.1 in *E.coli* exprimiert. An dessen C-Terminus befindet sich ein poly-Histidin*tag* der zur Aufreinigung über Metallaffinitätschromatographie benutzt werden kann.

<u>Aufreinigung mittels Talon®</u>
Wurden relativ geringe Menge von mehreren Proteinen auf einmal für Untersuchungen benötigt, wurde die Aufreinigung mit Talon® durchgeführt.
Durchführung:

Ca. 2 ml des resuspendierten Talon®-Materials wurden in eine 15 ml Plastiksäule überführt und dreimal mit 10 ml Waschpuffer equilibriert. Anschließend wurden 2 ml der Proteinlösung auf die Säule gegeben und der Ansatz 30 Minuten auf Eis auf einem Plattformschüttler inkubiert. Danach wurde ungebundenes Protein entfernt und das Talon®-Material zweimal mit jeweils 10 ml Waschpuffer gewaschen. Die Elution des Proteins erfolgte mit einem pH-Gradienten. Hierbei wurde das Material 9-10 Mal mit 2 ml Elutionspuffer für 2 min geschüttelt und die Proteinlösung aufgefangen. Diese stand nun für weitere Untersuchungen zur Verfügung.

Aufreinigung mittels Äkta-Purifier
Wurden relativ große Menge Protein für Untersuchungen benötigt, wurde die Aufreinigung mittels Äkta-Purifier unter Verwendung einer Ni^{2+}-basierten HisTrap FF crude-Säule vorgezogen.

Durchführung:
10-140 ml einer Proteinlösung (in Waschpuffer-Äkta) wurden über den Super-Loop des Äkta-Purifiers auf eine 5 ml HisTrap FF crude-Säule gegeben und diese anschließend mit 25 ml Waschpuffer gewaschen. Nachfolgend wurde das Protein mit 25 ml Elutionspuffer von der Säule eluiert und in Röhrchen fraktioniert. Das Protein befand sich für gewöhnlich in 5-10 ml Puffer. Das Protein wurde erneut in den Super-Loop des Purifiers injiziert und die Anlage mit Phosphatpuffer equilibriert. Durch Injektion des Proteins auf eine 60 ml Q-Sepharose (G25)-Säule wurde das Protein vom Imidazol getrennt und erneut in Röhrchen fraktioniert. Der Fluss betrug während der gesamten Prozedur 5 ml /min. Das austretende Protein wurde bei einer Wellenlänge von 280 nm spektrophotometrisch gemessen.
Entweder wurde das aufreinigte Enzym direkt für Untersuchungen verwendet oder mit 50% (v/v) Glycerin versetzt und bei -20°C gelagert.

6.3.2 SDS-PAGE[173]

SDS (Sodiumdodecylsulfat) ist ein Detergenz, welches Proteine zu einem negativ geladenen Komplex binden kann. Es denaturiert die Proteine, besonders nach einer vorherigen Reduktion mit DTT, und verhindert Protein-Protein-Wechselwirkungen. Somit ist eine Auftrennung der unterschiedlichen SDS-Protein-Komplexe im elektrischen Feld und auf einem porösen Polyacrylamidgel nach ihrem Stokes-Radius und damit nach ihrem Molekulargewicht möglich.

Durchführung:
Proben und Marker wurden 1:1 mit 2 x SDS-Probenpuffer gemischt und 5 min lang bei 95°C erhitzt. Durch das Mercaptoethanol werden Tertiär- und Sekundärstrukturen (H-Brücken,

Disulfidbrücken) beseitigt.
Das gegossene Gel (Zusammensetzung siehe Tabelle 6.6) stellte man in die mit 1 x SDS-Laufpuffer gefüllte Kammer und trug jeweils 20 µl der Proben bzw. der Marker auf. Der SDS-Protein Komplex wandert nach Anlegen von 160 V etwa 1 h lang im elektrischen Feld zum Plus-Pol durch das Gel.

Tabelle 6.6: Zusammensetzung der SDS-Gele

Lösung	Trenngel (12%ig)	Sammelgel (4%ig)
A. dest	2,67 ml	2,47 ml
Lower Tris, pH 8.0	2 ml	-
Upper Tris, pH 6,8	-	1,0 ml
Acrylamidlösung	3,33 ml	0,52 ml
APS	40 µl	40 µl
TEMED (Tetramethylethylendiamin)	4 µl	4 µl

Danach wurde das Gel aus der Kammer genommen, das Sammelgel abgetrennt und für eine halbe Stunde in die Coomassie Färbe-Lösung gelegt. Nach zwei- bis dreimaligem Waschen mit Entfärber waren die einzelnen Proteine entsprechend ihres Molekulargewichts aufgetrennt und nun in Form von blauen Banden sichtbar.

6.3.3 Coomassie-Färbung

Das Proteingel wurde 30 min in der Färbelösung inkubiert. Anschließend überführte man das komplette gefärbte Gel in eine Entfärbelösung und inkubierte solange, bis der Hintergrund farblos wurde und die Proteinbanden deutlich zu sehen waren.

6.3.4 Western-Blot

Beim Western-Blot handelt es sich um ein Verfahren zum Visualisieren von Proteinen mittels Protein-Protein-Interaktion. Hierbei wird das mittels SDS-PAGE aufgetrennte Proteom auf eine Membran geblottet. Durch Bindung einer alkalischen Phosphatase am His-*tag* des Proteins (über Ni-NTA) und Zugabe von BCIP/NBT (5-Bromo-4-chloro-indoylphosphat / Nitro blue Tetrazolium), wird das Enzym auf dem Gel sichtbar gemacht.
Durchführung:
Die Durchführung des Western-Blots erfolgte nach der „*semi-dry*" Methode. Dabei wurde zunächst eine Lage 3 mm Whatman-Papier mit Kathodenpuffer getränkt und auf die Kathode gelegt. Darauf platzierte man in dieser Reihenfolge SDS-Gel, Nitrocellulosemembran (getränkt in Anodenpuffer 1) und 2 Lagen 3 mm Whatmanpapier (getränkt in Anodenpuffer I

bzw. Anodepuffer 2). Darauf wurde die Anode gesetzt. Das Blotten erfolgte bei 15 V, 1 mA/cm$^2_{Membran}$ für 1 h. Danach wurde die Membran zur Visualierung der Proteinbanden für 1-2 min in Ponceau-Rot-Lösung gelegt und mit Wasser gründlich gewaschen. Die Markerbanden markierte man mit einem Kugelschreiber und anschließend wurde die Membran zweimal 10 min mit TBS-Puffer gewaschen und für 1 h in 3% BSA-Lösung in TBS-Puffer geblockt. Danach wurde dreimal 10 min mit TBS-Tween-Puffer gewaschen und die Membran 1 h in einer 1/1000-verdünnten Ni-NTA-Konjugatlösung in TBS-Tween-Puffer inkubiert. Nicht gebundenes Konjugat enfernte man durch dreimaliges Waschen (je 10 min) mit TBS-Tween-Puffer. Die Detektion erfolgte durch Inkubation der Membran im Dunkeln in einer Mischung aus 33 µl BCIP-Lösung und 66 µl NBT-Lösung in 10 ml Detektionspuffer für 5-10 min. Zum Abstoppen der Reaktion wurde die Membran mit *A. dest* gewaschen.

6.3.5 pNPA – Assay

Der pNPA – Assay ist einer der geläufigsten Nachweise für Esteraseaktivität. Das bei der Hydrolyse des Esters frei werdenden *p*-Nitrophenol kann bei 410 nm spektrophotometrisch gemessen werden.

Screening nach Aktivität in der Mikrotiterplatte:
Um die Aktivitäten möglichst vieler Varianten messen zu können, wurde das Mikrotiterplattenformat gewählt.
Durchführung:
Nach dem Zellaufschluss wurden 15 µl Proteinrohextrakt aus jeder Vertiefung in 255 µl Phosphatpuffer und davon wiederum 100 µl in eine neue Platte gegeben. Nach Zugabe von 10 µl Substratlösung (10 mM in DMSO) wurde die Absorption bei 410 nm für 5 Minuten gemessen bei 25°C.

Screening nach verbesserter Thermostabilität in der Mikrotiterplatte:
Zur Bestimmung der Thermostabilität möglichst vieler Varianten wurde ebenfalls das Mikrotiterplattenformat gewählt.
Durchführung:
Nach dem Zellaufschluss wurden 15 µl Proteinrohextrakt aus jeder Vertiefung in 255 µl Phosphatpuffer und davon wiederum 100 µl in eine neue Platte gegeben. Diese wurde für 15 h bei 4°C inkubiert. Die andere Platte, in welcher sich in jeder Vertiefung noch 170 µl befanden, wurde mit Folie abgeklebt und ebenfalls für 15 h bei 62°C im Ofen inkubiert. Nachfolgend wurden beide Platten wie oben beschrieben gemessen. Der Quotient aus den Aktivitäten der 62°C-Platte durch die 4°C-Platte definiert die Thermostabilität. Alle

6. Materialien und Methoden

Pipettierarbeiten wurden mit einem Pipettierroboter durchgeführt.

Bestimmung der Aktivität in der Küvette:
Zur Verifizierung der im Mikrotiterplattenformat ermittelten Ergebnisse, sowie zur Bestimmung von k_{cat} und K_M – Werten wurden die Aktivitäten der Proteine in der Küvette spektrophotometrisch bestimmt.
Durchführung:
Zu 850 µl Phosphatpuffer (50 mM, pH = 7.5) wurden 50 µl entsprechend verdünnter Proteinlösungen und 100 µl Substratlösung gegeben und die Absorption bei 410 nm für 2 min gemessen. Zur Bestimmung der Autohydroyse wurden 900 µl Phosphatpuffer mit 100 µl Substratlösung versetzt und die Absorption genauso gemessen.
Zur Berechnung der Aktivitäten wurden die Absorptionen von Standardlösungen von p-Nitrophenol (Endkonzentration in der Küvette: 20-100 µg/ml in 10% DMSO und 90% Phosphatpuffer) bei 410 nm bestimmt und eine Standardkurve angefertigt. Die Bestimmung des Extinktionskoeffizienten (ε = 15.300 M^{-1} cm^{-1}) erlaubt die Berechnung der Aktivität.

Bestimmung des T_{50}^{60}-Wertes:
Proteine, die während des Screenings nach verbesserter Thermostabilität als positiv identifiziert wurden, wurden im Schüttelkolben hergestellt, aufgereinigt und deren Thermostabilität bestimmt. Neben der Schmelztemperatur T_M ist der T_{50}^{60}-Wert ein Maß für diese Eigenschaft.
Durchführung:
12 Aliquots von je 100 µl des aufgereinigten Proteins in PCR-Gefäßen wurden in einem Gradienten-PCR-Gerät bei unterschiedlichen Temperaturen für 60 Minuten inkubiert. Anschließend wurden aus jedem Aliquot 3 x 15 µl zu je 100 µl Phosphatpuffer (50 mM, pH = 7.5) in eine Mikrotiterplatte gegeben. Zusätzlich wurden 3 x 15 µl unbehandelten Proteins genauso behandelt. Anschließend wurden von allen Proben die Aktivitäten wie oben beschrieben gemessen. Der Mittelwert der Aktivitäten des unbehandelten Proteins wurden auf 100% gesetzt und die Restaktivität (in %) der behandelten Proteine bestimmt. Durch lineare Regression wurde die Temperatur bestimmt, bei der das Protein 50% seiner ursprünglichen Aktivität zeigt (= T_{50}^{60}-Wert).

6.3.6 pNP-3-PB – Assay

Screening nach Varianten mit erhöhter Enantioselektivität im der Mikrotiterplatte:
Zur Bestimmung der Aktivität und des E-Wertes gegenüber 3-Phenylbuttersäurep-Nitrophenylester im Hochdurchsatz-Screening wurde die Aktivitäten der Mutanten

6. Materialien und Methoden

gegenüber beider Enantiomere des Substrates gemessen und der Quotient aus diesen gebildet. Das Verhältnis von schneller reagierendem Enantiomer durch das langsamer reagierende Enantiomer gibt den scheinbaren E-Wert an. Wie beim pNPA-Assay macht man sich den hohen Extinktionskoeffizienten vom freiwerdenden p-Nitrophenol bei 410 nm zu Nutzen.

Je 30 µl des frischen Proteinextraktes aus einer Vertiefung der Mikrotiterplatte wurden zu je 70 µl Phosphatpuffer (50 mM, pH = 7.5) in zwei neue Mikrotiterplatten gegeben. Nach Zugabe des (R)-Substrates in eine Platte und des (S)-Substrates in die andere erfolgte die Messung der Absorption bei 410 nm für eine Dauer von 10 Minuten. Anschließend wurden die Platten für 1 h bei 37°C inkubiert und die Absorption erneut gemessen.

Bei schwach aktiven Varianten wurden die Werte nach Zugabe der Substratlösung und nach 1h Inkubation zur Berechnung der Aktivitäten herangezogen. Für solche Variante, die sehr hohe Aktivität zeigten wurden die Anstiege aus der zehnminütigen kinetischen Messung verwendet.

Messung der Aktivität in der Küvette:

Zur Verifizierung der im Mikrotiterformat ermittelten Ergebnisse und zur Bestimmung der k_{cat} und K_M-Werte wurden die Messungen in der Küvette durchgeführt.
Durchführung:
Zu 500 µl Phosphatpuffer (50 mM, pH = 7.5) wurden 250 µl Proteinlösungen und 250 µl Substratlösung (6,4 – 0,2 mM in Acetonitril) gegeben und die Absorption bei 410 nm für 10 min bei 25°C gemessen.
Zur Berechnung der Aktivitäten wurden die Absorptionen von Standardlösungen von p-Nitrophenol (Endkonzentration in der Küvette: 20 – 100 µg/ml in 25% Acetonitril und 75% Phosphatpuffer) bei 410 nm bestimmt und eine Standardkurve angefertigt. Die Bestimmung des Extinktionskoeffizienten (ε = 19.100 $M^{-1} cm^{-1}$) erlaubt die Berechnung der Aktivität.

6.3.7 Proteinbestimmung nach Bradford[174]

Es wurden zunächst Lösungen definierter Konzentration von BSA hergestellt (50-500 µg/ml). Die zu bestimmenden Proteinproben wurden so verdünnt, dass sie innerhalb dieser Konzentrationen lagen. Die Bradford-Stammlösung wurde 1:4 mit *Aqua dest.* verdünnt und filtriert. 300 µl dieser Lösung wurden in je eine Vertiefung einer Mikrotiterplatte gegeben und 3 x 15 µl Probe bzw. Standard-BSA-Lösungen dazupipettiert. Als Nullwert wurden in drei Vertiefungen je 15 µl Puffer dazupipettiert. Nach 5 Minuten Inkubation wurde die Absorption bei 595 nm gemessen. Aus den Werten, die für die Standard-BSA-Lösungen wurde eine

Regressionsgerade ermittelt und darüber der Proteingehalt der Proteinproben ermittelt.

6.3.8 Messung der thermischen Denaturierung

Die Messung der CD-Spektren erfolgte an einem Circular Dichroismus Spektrometer in Quarzglasküvetten mit einer Schichtdicke von 2 mm bei einer Proteinkonzentration von 0,08 mg/ml. Während der Erhöhung der Temperatur der Probe von 10°C auf 95°C wurde der Zirkulardichroismus bei 222 nm verfolgt.

6.4 Chemische Synthesen

6.4.1 Chemische Synthese von (R, S)-p-Nitrostyroloxid nach Westkaemper[175]

Da p-Nitrostyroloxid diesem Zeitpunkt kommerziell nicht erhältlich war, wurde es synthetisiert. Die Reaktionsgleichung ist in Abbildung 6.2 gezeigt.

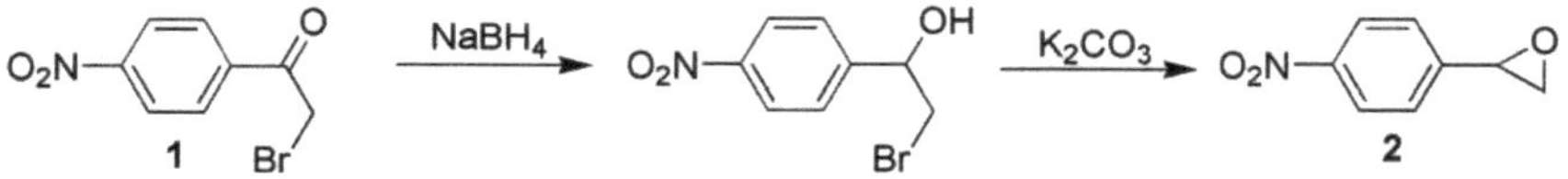

$$O_2N-C_6H_4-CO-CH_2Br \xrightarrow{NaBH_4} O_2N-C_6H_4-CH(OH)-CH_2Br \xrightarrow{K_2CO_3} O_2N-C_6H_4-CH(O)CH_2$$
$$\quad\quad\quad 1 \quad\quad\quad\quad\quad\quad\quad\quad\quad\quad\quad\quad\quad\quad\quad\quad\quad\quad\quad\quad\quad\quad\quad\quad\quad\quad\quad\quad 2$$

Abbildung 6.2: Reaktionsgleichung der chemischen Synthese von *rac*-p-Nitrostyroloxid.

Durchführung:

0,5 mg ω-Bromo-4-nitroacetophenon (**1**) wurden in 5 ml Methanol unter Eiskühlung gerührt. Dazu wurden 83 mg Natriumborhydrid gegeben und der Reaktionsansatz für 3 h bei Raumtemperatur gerührt. Anschließend wurden 276 mg Kaliumcarbonat dazugegeben und der Ansatz für weitere 20 h bei Raumtemperatur gerührt. Nach Zugabe von 3 ml *Aqua dest.* wurde dreimal mit Diethylether extrahiert und die vereinten etherischen Phasen zweimal mit gesättigter Kochsalzlösung gewaschen. Anschließend wurde mit Na_2SO_4 getrocknet, filtriert und am Rotationsverdampfer eingeengt. Das gewonnene Produkt wurde über Kieselgelsäulenchromatographie aufgereinigt (*n*-Hexan : Ethylacetat 1:1).

Ausbeute: 77,7%

1H-NMR ($CDCl_3$): 2,8 (dd, 1H); 3,2 (dd 1H); 3,9 (dd, 1H); 7,4 (d, $2H_{arom}$), 8,2 (d, $2H_{arom}$)

13C-NMR ($CDCl_3$): 51 (C-1), 77 (C-2), 122, 125, 126, 129, 145 (C-Arom)

6.4.2 Chemische Synthese von (R, S)-p-Nitrophenylethandiol

Die chemische Synthese des Diols wurde über die saure Hydrolyse von p-Nitrostyroloxid in THF/Wasser 5:1 und wenigen Tropfen konzentrierter Schwefelsäure. Es wurde 24 h bei Raumtemperatur gerührt und wie für p-Nitrostyroloxid beschieben aufgearbeitet. Die Kieselgelchromatographie wurde auch hier mit n-Hexan / Ethylacetat 1:1 durchgeführt.

Aubeute: 45%

1H-NMR (CDCl$_3$): 3,6 (dd, 1H); 3,8 (dd 1H); 4,9 (dd, 1H); 7,5 (d, 2H$_{arom}$), 8,2 (d, 2H$_{arom}$)
13C-NMR (CDCl$_3$): 67 (C-1), 77 (C-2), 127, 129, 134, 139 (C-Arom)

6.4.3 Chemische Synthese von (R) und (S)-3-Phenylbuttersäure-p-Nitrophenylester

Die chemische Synthese beider Enantiomere des p-Nitrophenyl-3-phenylbuttersäureesters erfolgte über zwei Stufen. Während der ersten Reaktion wird die 3-Phenylbuttersäure zum Säurechlorid aktiviert, welches in der zweiten Stufe mit p-Nitrophenol zum Ester reagiert. Die Reaktionsgleichungen der beiden Reaktionen sind in Abbildung 6.3 dargestellt.

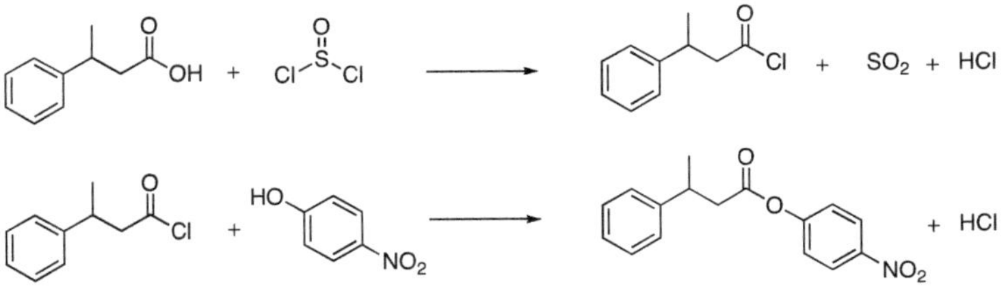

Abbildung 6.3: Reaktionsgleichungen für die Synthese von p-Nitrophenyl-3-phenylbuttersäure

Durchführung:

2,6 ml des jeweiligen Enantiomers der 3-Phenylbuttersäure wurden zusammen mit 2 Tropfen DMF in 20 ml Dichlormethan auf 0°C in einer Stickstoffatmosphäre gekühlt. Nach Zugabe von 2 ml Thionylchlorid wurde 2 h gerührt und nachfolgend überschüssiges Thionylchlorid abdestilliert. 2,18 g des Produktes (3-Phenylbuttersäurechlorid) wurden mit 2 g Zinkchlorid und 5,68 g p-Nitrophenol in 75 ml Dichlormethan für 3 h unter Rückfluss gekocht. Anschließend wurde der gesamte Kolbeninhalt auf Eis gegossen und die organische Phase abgetrennt. Die wässrige Phase wurde noch zweimal mit Diethylether extrahiert und die organischen Phasen vereint. Zur Abtrennung überschüssigen p-Nitrophenols wurde die organische Phase mit Hilfe von Natriumcarbonat alkalisiert und mehrere Male mit Wasser gewaschen. Nach Trocknung mit Natriumsulfat wurde das Lösungsmittel abdestilliert und das Reaktionsprodukt mittels Kieselgelsäulenchromatographie (Laufmittel: n-Hexan : Ethylacetat 1:1) aufgereinigt.

Ausbeuten: (R)-p-Nitrophenyl-3-phenylbuttersäure: 50%

6. Materialien und Methoden

(S)-p-Nitrophenyl-3-phenylbuttersäure: 55%

^{1}H-NMR (CDCl$_3$): δ 1,42 (d, J=7,04 Hz, 3H); 2,9 (m, 2H); 3,4 (m, 1H); 7,1 (m, 2H); 7,3 (m, 5H); 8,2 (m, 2H)

^{13}C-NMR (CDCl$_3$): δ 22 (q); 37 (d); 43 (t); 122 125 127 129 (4 x d); 145 (s), 146 (s), 170 (s)

6.5 Analytische Methoden

6.5.1 Nachweis von p-Nitrostyroloxid und p-Nitrophenylethandiol mittels Flüssigchromatographie

p-Nitrostyroloxid und p-Nitrophenylethandiol wurden mittels einer HPLC unter Verwendung der Säule Chiracel OD-H nachgewiesen. Als Lösungsmittel wurde ein Gemisch aus n-Hexan und Isopropanol 9:1 verwendet. Der Fluss betrug 0,8 ml/min, die Detektionswellenlänge 235 nm und die Temperatur 30°C. Unter diesen Bedingungen konnten die Enantiomere des Diols getrennt werden. Die des Epoxids blieben ungetrennt. Die quantitative Bestimmung der Konzentration erfolgte über Standardkurven (Abbildung 6.4).

Retentionszeiten: (R,S)-p-Nitrostyroloxid   10,4 min
                   (R)-p-Nitrophenylethandiol 20,5 min
                   (S)-p-Nitrophenylethandiol 24,8 min

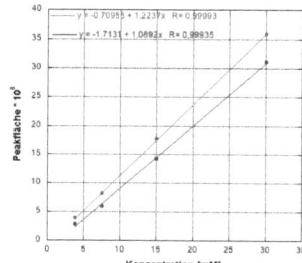

Abbildung 6.4: Standardkurven von p-Nitrostyroloxid (rot) und p-Nitrophenylethandiol (blau) zur Bestimmung der Konzentrationen beider Komponenten in der Biokatalyse

6.5.2 Nachweis von Methylacetat, Methanol und Essigsäure mittels Gaschromatographie

Die Substanzen Methylacetat, Methanol und Essigsäure wurden mittels Gaschromatographie unter Verwendung der Säule forte BP21 (FFAP) (Nitroterephtalic acid (TPA) modified polyethylene glycol) nachgewiesen. Die quantitative Bestimmung der Konzentration erfolgte über Standardkurven (Abbildung 6.5).

Injektortemperatur	300°C
Detektortemperatur	300°C
Druck	25 kPA
Säulenfluss	0,347 ml/min
Totalfluss	14 cm/s
Programm:	65°C für 5 min
	20°C/min bis 240°C
Retentionszeiten:	Methylacetat 4,4 min
	Methanol 4,9 min
	Essigsäure 11,9 min

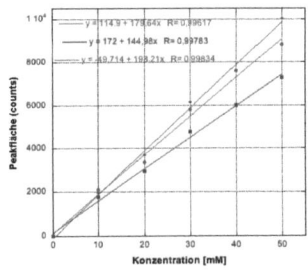

Abbildung 6.5: Standardkurven von Methylacetat (rot), Methanol (blau) und Essigsäure (grün) zur Bestimmung der Konzentrationen aller Komponenten in der Biokatalyse.

6.5.3 Nachweis von 3-Phenylbuttersäure-Ethylester und 3-Phenylbuttersäure-Methylester mittels Gaschromatographie

Der Nachweis von Ethyl- und Methyl-3-phenylbutyrat erfolgte über Gaschromatographie. Die Detektion erfolgte über Massenspektrometrie. Als Säule wurde die FS-Hydrodex β-TBDAc (Heptakis-2,3-di-O-acetyl-6-O-pentyl)-β-Cyclodextrin, 25m x 0,25 mm ID) verwendet. Die quantitative Bestimmung des Umsatzes und des E-Wertes erfolgte nach Chen et al.[159].

Injektortemperatur	220°C	Rententionszeiten:	
Säulentemperatur	100°C	(S)-Methyl-3-phenylbutyrat	21,1 min
Ionisationstemperatur	200°C	(R)-Methyl-3-phenylbutyrat	22,2 min
Interfacetemperatur	220°C	(S)-Ethyl-3-phenylbutyrat	31,3 min
Druck	116,1 kPa	(R)-Ethyl-3-phenylbutyrat	32,7 min

6. Materialien und Methoden

Säulenfluss   1,88 ml/min
Totalfluss   23,7 ml/min

6.5.4 Dünnschichtchromatographie (DC)

Zur Untersuchung der chemischen Synthesen von p-Nitrostyroloxid, p-Nitrophenylethandiol und 3-Phenylbuttersäure-p-Nitrophenylester wurde als Analysemethode die Dünnschichtchromatographie verwendet. 1 µl des Reaktionsansatzes wurde hierfür entnommen und direkt auf die Kieselgelplatte gegeben. Als Laufmittel wurde ein Gemisch unterschiedlicher Anteile von n-Hexan/Ethylacetat verwendet. Die aromatischen Verbindungen sind unter dem UV-Licht sichtbar. Die verwendeten Laufmittel-Verhältnisse, sowie die Rf-Werte sind für die jeweiligen Substanzen in Tabelle 6.7 angegeben.

Tabelle 6.7: Zusammensetzung des Laufmittels, sowie die entsprechenden Rf-Werte für die einzelnen Substanzen.

Substanz	Verhältnis n-Hexan : EtAc	Rf - Werte
ω-Bromo-4-nitroacetophenon	2 : 1	0,8
p-Nitrostyroloxid	2 : 1	0,5
p-Nitrophenylethandiol	2 : 1	0,1
3-Phenylbuttersäure	1 : 1	0,1
3-Phenylbuttersäurechlorid	1 : 1	0,1
p-Nitrophenol	1 : 1	0,2
p-Nitrophenyl-3-phenylbuttersäure	1 : 1	0,5

6.6 Biokatalytische Methoden

6.6.1 Analytische Ansätze zur Bestimmung der Epoxidhydrolaseaktivität gegenüber p-Nitrostyroloxid

4 µl einer Stammlösung von p-Nitrostyroloxid (5 mM in DMSO) wurden zu 396 µl Proteinlösung (0,5 mg/ml in Phosphatpuffer) in ein Glasvial gegeben und bei 30°C inkubiert. Die Reaktionszeit richtete sich nach der zu erwartenden Aktivität. Je höher die Aktivität, desto kürzer die Reaktionszeit. Anschließend wurde die Probe 5 x mit 400 µl Ethylacetat extrahiert und das Lösungsmittel, sowie restliches Wasser der vereinten organischen Phasen in der *speedvac* entfernt. Die Probe wurde in 400 µl eines Gemisches aus n-Hexan und Isopropanol (9:1) aufgenommen, mit Hilfe eines Sterilfilters filtriert und etwa 200 µl dieser Probe in ein Glasvial mit *Inlet* gegeben. 50 µl dieser Probe wurden in die HPLC

injiziert.

6.6.2 Analytische Ansätze zur Bestimmung der Esteraseaktivität gegenüber Methylacetat

Zu einem Milliliter einer Proteinlösung (0,5 mg/ml) wurde Methylacetat pipettiert (Endkonzentration 100 mM) und der Reaktionsansatz bei 37°C für 48 h inkubiert. Zu unterschiedlichen Zeitpunkten wurden 100 µl entnommen und das Protein über einen Filter (cutoff = 10 kDa) weitesgehend abgetrennt. 0,5 µl der wässrigen Phase wurden direkt in die Säule injiziert.

6.6.3 Analytische Ansätze zur Bestimmung des E-Wertes gegenüber 3-Phenyl-buttersäure-Ethylester

Zu 880 µl Phosphatpuffer (50 mM, pH = 7,5) wurden 100 µl aufgereinigtes Protein (~ 400 µg/ml) und 20 µl einer 1 M Lösung von 3-Phenylbuttersäure-Ethylester gegeben (Endkonzentration = 20 mM). Nach 1 h, 3 h, 6 h und 20 h wurden 100 µl abgenommen und bei -20°C gelagert. Anschließend wurden die Proben mit 40 µl 1N HCl angesäuert und dreimal mit jeweils 400 µl Dichlormethan extrahiert. Die vereinten organischen Phasen wurden mit Natriumsulfat getrocknet und in ein neues Reaktionsgefäß gegeben. Nach Zugabe von 10 % Methanol und 40 µl Trimethylsilyldiazomethan wurde 30 Minuten bei Raumtemperatur inkubiert. Anschließend wurde die Reaktion durch Zugabe von 20 µl Eisessig gestoppt und in der *speedvac* bis zur Trockne eingedampft. Nach Auflösen in 200 µl Dichlormethan wurden die Proben am GC-MS gemessen.

6.7 *Molecular Modelling*

Die moleküldynamischen Simulationen wurden mit dem Programm YASARA (Version 8.1.7)[176] unter Verwendung des AMBER99-Kraftfeldes[177] durchgeführt. Zur Simulation wurden langreichweitige elektrostatische Kräfte mit einem *cutoff* bei 7,86 Å unter Verwendung des Particle-Mesh-Ewald-Verfahrens benutzt[177, 178]. Das Kraftfeld der Substrate wurde durch AutoSMILES[179] generiert. Es wurde in einer mit Wasser gefüllten, periodischen Simulationszelle gearbeitet.

Zunächst wurden die Substratmoleküle manuell an das katalytische Serin gebunden und anschließend das gesamte System fixiert. Danach wurde zuerst das Substrat freigegeben und minimiert, woraufhin die entscheidenden Aminosäuren im aktiven Zentrum nacheinander und schließlich das gesamte Protein freigegeben und minimiert wurde. Im Anschluss daran erfolgte die eigentliche Simulation. Dazu wurde Wasser hinzugefügt und die Berechnung gestartet. Dazu wurde ein YASARA-Skript modifiziert (md_run.mcr), welches zunächst ausgehend von der pdb-Datei eine Simulationszelle, 2 x 10 Å größer als das Protein entlang jeder Achse, definierte. Anschließend wurden Wassermoleküle bis zu einer Dichte von 0,997 g/l zugefügt. Der pH-Wert wurde auf 7 eingestellt, pKa-Werte berechnet[176] und Na$^+$- bzw. Cl$^-$-Ionen als Gegenionen zugefügt, um die Ladungen des Proteins zu kompensieren. Es folgte eine *steepest descent*-Simulation zur Energieminimierung, bis die Geschwindigkeit des schnellsten Atoms im System unter 2200 m/s lag. Das *steepest descent*-Verfahren ist ein Gradientenverfahren, das mit Hilfe der 1. Ableitung der Energie nach der Geometrie in rechtwinkligen Schritten dem steilsten Energieabfall folgt. Anschließend wurden 500 Schritte einer *simulated annealing*-Simulation durchgeführt[180, 181]. Dabei wird, ausgehend von einer Moleküldynamik-Simulation bei 298 K, die Temperatur durch schrittweises Verringern der Atomgeschwindigkeiten um den Faktor 0,9 gesenkt. Auf diese Weise werden die Zustände mit niedriger Energie wahrscheinlicher. So können globale Minima gefunden werden. Schließlich beginnt die moleküldynamische Simulation bei 298 K. Zur Temperaturkontrolle wird die *rescale*-Methode von YASARA verwendet, die alle 25 Simulationsschritte die Atomgeschwindigkeiten so skaliert, dass die Durchschnittsgeschwindigkeit aller Atome im System der vorgegebenen Temperatur entspricht. Ein Simulationsschritt besteht aus 2 Unterschritten aus je 1,25 fs (2 x 1,25 fs; 1,25 fs für intramolekulare Kräfte und 1,25 fs für intermolekulare Kräfte). Die Simulation wird nach 500 ps abgebrochen. Während dessen wird alle 250 Schritte (625 fs) ein *snapshot* abgespeichert, der die Position und den Vektor der Bewegung enthält. Es wurde ein vorhandenes Skript modifiziert, welches die aufgezeichnete Trajektorie, bestehend aus den Einzelnen *snapshots*, analysiert. Das Skript liest nacheinander alle *snapshots* aus und erzeugt eine Tabelle mit der Simulationszeit, Abständen vorher definierter Atome, den verschiedenen Energiethermen des Gesamtsystems, der mittleren, quadratischen Abweichung (RMSD) der Cα-Atome vom Ausgangszustand und der potentiellen Energie des Substrates innerhalb des umgebenden Kraftfeldes.

7. Literatur

[1] A. Schmid, J. S. Dordick, B. Hauer, A. Kiener, M. G. Wubbolts, B. Witholt, *Nature* **2001**, *409*, 258.

[2] U. T. Bornscheuer, K. Buchholz, *Eng. Life Sci.* **2005**, *5*, 309.

[3] S. Panke, M. Wubbolts, *Curr. Opin. Chem. Biol.* **2005**, *9*, 188.

[4] M. Bakker, F. van Rantwijk, R. A. Sheldon, *Can. J. Chem.* **2002**, *80*, 622.

[5] K. Yamamura, E. T. Kaiser, *J. Chem. Soc. Chem. Commun.* **1976**, 830.

[6] R. J. Kazlauskas, U. T. Bornscheuer, *Nat. Chem. Biol.* **2009**, *5*, 526.

[7] J. D. Sutherland, *Curr. Opin. Chem. Biol.* **2000**, *4*, 263.

[8] R. C. Caldwell, G. F. Joyce, *PCR Methods Appl.* **1992**, *2*, 28.

[9] D. W. Leung, E. Chen, D. V. Goeddel, *Technique* **1989**, *1*, 11.

[10] T. S. Wong, D. Zhurina, U. Schwaneberg, *Comb. Chem. High Throughput Screening* **2006**, *9*, 271.

[11] W. P. C. Stemmer, *Nat. Biotechnol.* **1994**, *370*, 389.

[12] M. Trani, S. Lutz, in *Protein Engineering Handbook, Vol. 2* (Eds.: S. Lutz, U. T. Bornscheuer), Wiley-VCH, Weinheim, **2009**, pp. 493.

[13] T. S. Wong, K. L. Tee, B. H. Hauer, U. Schwaneberg, *Nucl. Acids Res.* **2004**, *32*, e26.

[14] M. Ostermeier, J. H. Shim, S. J. Benkovic, *Nat. Biotechnol.* **1999**, *17*, 1205.

[15] S. Lutz, M. Ostermeier, G. L. Moore, C. D. Maranas, S. J. Benkovic, *Proc. Nat. Acad. Sci. U.S.A.* **2001**, *98*, 11248.

[16] W. M. Coco, W. E. Levinson, M. J. Crist, H. J. Hektor, A. Darzin, P. T. Plenkos, C. H. Squires, D. J. Monticello, *Nat. Biotechnol.* **2001**, *19*, 354.

[17] H. Zhao, *Nat. Biotechnol.* **1998**, *16*, 258.

[18] A. K. Udit, J. J. Silberg, V. Sieber, in *Directed evolution library creation: Methods and Protocols* (Eds.: F. H. Arnold, G. Georgiou), Humana Press, Totowa, NJ, **2003**, pp. 153.

[19] A. Hidalgo, A. Schliessmann, R. Molin, J. Hermoso, U. T. Bornscheuer, *Prot. Eng., Des. Sel.* **2008**, *21*, 567.

[20] Z. Qian, S. Lutz, *J. Am. Chem Soc.* **2005**, *127*, 13466.

[21] U. T. Bornscheuer, M. Pohl, *Curr. Opin. Chem. Biol.* **2001**, *5*, 137.

[22] G. P. Smith, *Science* **1985**, *228*, 1315.

[23] G. P. Smith, V. A. Petrenko, *Chem. Rev.* **1997**, *2*, 391.

[24] E. T. Boder, K. D. Wittrup, *Nat. Biotechnol.* **1997**, *15*, 553.

[25] P. S. Daugherty, G. Chen, M. J. Olsen, B. L. Iverson, G. Georgiou, *Prot. Eng., Des. Sel.* **1998**, *11*, 825.

[26] J. Hanes, A. Plückthun, *Proc. Nat. Acad. Sci. U.S.A.* **1997**, *94*, 4937.

[27] D. S. Wilson, A. D. Keefe, J. W. Szostak, *Proc. Nat. Acad. Sci. U.S.A.* **2001**, *98*, 3750.
[28] K. Chen, F. H. Arnold, *Bio/Technology* **1991**, *9*, 1073.
[29] K. Chen, F. Arnold, *Proc. Nat. Acad. Sci. U.S.A.* **1993**, *90*, 5618.
[30] L. You, F. H. Arnold, *Prot. Eng., Des. Sel.* **1996**, *9*, 77.
[31] J. Moore, F. H. Arnold, *Nat. Biotechnol.* **1996**, *14*, 458.
[32] A. A. Beaudry, G. F. Joyce, *Science* **1992**, *257*, 635.
[33] L. Giver, A. Gershenson, P. O. Freskgard, F. H. Arnold, *Proc. Natl. Acad. Sci. U.S.A.* **1998**, *95*, 12809.
[34] Q. Wang, T. Xia, *Biotechnol. Lett.* **2008**, *30*, 937.
[35] J. J. Hao, A. Berry, *Prot. Eng., Des. Sel.* **2004**, *17*, 689.
[36] D. Wilkenson, N. Akumanyi, R. Hurtado-Guerrero, H. Dawkes, P. F. Knowles, S. E. V. Phillips, M. J. McPherson, *Prot. Eng., Des. Sel.* **2004**, *17*, 141.
[37] M. Schmidt, D. Hasenpusch, M. Kähler, U. Kirchner, K. Wiggenhorn, W. Langel, U. T. Bornscheuer, *ChemBioChem* **2006**, *7*, 805.
[38] B. Seelig, J. W. Szostak, *Nature* **2007**, *448*, 828.
[39] M. J. Olsen, D. Stephens, D. Griffiths, P. Daugherthy, G. Georgiou, B. L. Iverson, *Nat. Biotechnol.* **2000**, *18*, 1071.
[40] N. Varadarajan, S. Rodriguez, B.-Y. Hwang, G. Georgiou, B. L. Iverson, *Nat. Chem. Biol.* **2008**, *4*, 290.
[41] J. F. Chaparro-Riggers, R. Breves, K. H. Maurer, U. T. Bornscheuer, *ChemBioChem* **2006**, *7*, 965.
[42] S. Becker, H. Höbenreich, A. Vogel, J. Knorr, S. Wilhelm, F. Rosenau, K.-E. Jaeger, M. T. Reetz, H. Kolmar, *Angew. Chem. Int. Ed.* **2008**, *47*, 5085.
[43] G. Amitai, R. D. Gupta, D. S. Tawfik, *HFSP Journal* **2007**, *1*, 67.
[44] J. D. Bloom, P. A. Romero, Z. Y. Lu, F. H. Arnold, *Biology Direct* **2007**, *2*, article number 17.
[45] M. Lehmann, C. Loch, A. Middendorf, D. Studer, S. F. Lassen, L. Pasamontes, A. P. G. M. van Loon, M. Wyss, *Prot. Eng., Des. Sel.* **2002**, *15*, 40.
[46] S. Bershtein, K. Goldin, D. S. Tawfik, *J. Mol. Biol.* **2008**, *379*, 1029.
[47] R. D. Gupta, D. S. Tawfik, *Nat. Methods* **2008**, *5*, 939.
[48] N. Tokuriki, F. Stricher, L. Serrano, D. S. Tawfik, *PLoS Comput. Biol.* **2008**, *4*, e1000002.
[49] N. Tokuriki, D. S. Tawfik, *Nature* **2009**, *459*, 668.
[50] S. K. Padhi, D. J. Bougioukou, J. D. Stewart, *J. Am. Chem. Soc.* **2009**, *131*, 3271.
[51] S. Bartsch, R. Kourist, U. T. Bornscheuer, *Angew. Chem. Int. Ed.* **2008**, *47*, 1508.
[52] M. T. Reetz, J. D. Carballeira, *Nat. Protoc.* **2007**, *2*, 891.

[53] M. T. Reetz, M. Bocola, J. D. Carballeira, D. Zha, A. Vogel, *Angew. Chem. Int. Ed.* **2005**, *44*, 4192.

[54] M. T. Reetz, J. D. Carballeira, A. Vogel, *Angew. Chem. Int. Ed.* **2006**, *45*, 7745.

[55] M. T. Reetz, L. W. Wang, M. Bocola, *Angew. Chem. Int. Ed.* **2006**, *45*, 1236.

[56] M. T. Reetz, C. Torre, A. Eipper, R. Lohmer, M. Hermes, B. Brunner, A. Maichele, M. Bocola, M. Arand, A. Cronin, Y. Genzel, A. Archelas, R. Furstoss, *Org. Lett.* **2004**, *6*, 177.

[57] M. Zumárraga, C. Vaz Domínguez, S. Camarero, S. Shleev, J. Polaina, A. Martínez-Arias, M. Ferrer, A. L. De Lacey, V. M. Fernández, A. Ballesteros, F. J. Plou, M. Alcalde, *Comb. Chem. High Throughput Screen.* **2008**, *11*, 807.

[58] C. M. Clouthier, M. M. Kayser, M. T. Reetz, *J. Org. Chem.* **2006**, *71*, 8431.

[59] M. T. Reetz, D. Kahakeaw, R. Lohmer, *ChemBioChem* **2008**, *9*, 1797.

[60] A. Schliessmann, A. Hidalgo, J. Berenguer, U. T. Bornscheuer, *ChemBioChem* **2009**, *10*, 2920.

[61] H. M. Cohen, D. S. Tawfik, A. D. Griffiths, *Prot. Eng., Des. Sel.* **2004**, *17*, 3.

[62] C. A. Voigt, C. Martinez, Z. G. Wang, S. L. Mayo, F. H. Arnold, *Nat. Struct. Biol.* **2002**, *9*, 553.

[63] M. M. Meyer, L. Hochrein, F. H. Arnold, *Prot. Eng., Des. Sel.* **2006**, *19*, 563.

[64] R. J. Fox, S. C. Davis, E. C. Mundorff, L. M. Newman, V. Gavrilovic, S. K. Ma, L. M. Chung, C. Ching, S. Tam, S. Muley, J. Grate, J. Gruber, J. C. Whitman, R. A. Sheldon, G. W. Huisman, *Nat. Biotechnol.* **2007**, *25*, 338.

[65] H. Scheib, J. Pleiss, P. Stadler, A. Kovac, A. P. Potthoff, L. Haalck, F. Spener, F. Paltauf, R. D. Schmid, *Prot. Eng., Des. Sel.* **1998**, *11*, 675.

[66] R. Kourist, S. Bartsch, L. Fransson, K. Hult, U. T. Bornscheuer, *ChemBioChem* **2007**, *9*, 67.

[67] A. Mezzetti, J. D. Schrag, C. S. Cheong, R. J. Kazlauskas, *Chem. Biol.* **2005**, *12*, 427.

[68] R. Kourist, M. Hoehne, U. T. Bornscheuer, *Chemie in unserer Zeit* **2009**, *43*, 132.

[69] R. Bonneau, J. Tsai, I. Ruczinski, D. Chivian, C. Rohl, C. E. M. Strauss, D. Baker, *Proteins: Structure, function, and genetics suppl.* **2001**, *5*, 119.

[70] D. Röthlisberger, O. Khersonsky, A. M. Wollacott, L. Jiang, J. DeChancie, J. Betker, J. L. Gallaher, E. A. Althoff, A. Zanghellini, O. Dym, S. Albeck, K. N. Houk, D. S. Tawfik, D. Baker, *Nature* **2008**, *453*, 190.

[71] A. Zanghellini, L. Jiang, A. M. Wollacott, G. Cheng, J. Meiler, E. A. Althoff, D. Röthlisberger, D. Baker, *Protein Sci.* **2006**, *15*, 2785.

[72] B. Kuhlman, D. Baker, *Proc. Nat. Acad. Sci. U.S.A.* **2000**, *97*, 10383.

[73] L. Jiang, E. A. Althoff, F. R. Clemente, L. Doyle, D. Röthlisberger, A. Zanghellini, J. L. Gallaher, J. L. Betker, F. Tanaka, C. F. Barbas III, D. Hilvert, K. N. Houk, B. L. Stoddard, D. Baker, *Science* **2008**, *319*, 1387.

[74] S. Folkertsma, P. I. van Noort, R. F. Brandt, E. Bettler, G. Vriend, J. de Vlieg, *Curr. Med. Chem.* **2005**, *12*, 1001.

[75] Z. Xiao, H. Bergeron, S. Grosse, M. Beauchemin, M. L. Garron, D. Shaya, T. Sulea, M. Cygler, P. C. Lau, *Appl. Environ. Microbiol.* **2008**, *74*, 1183.

[76] R. J. Russell, G. L. Taylor, *Curr. Opin. Biotechnol.* **1995**, *6*, 370.

[77] http://www.ebi.ac.uk/clustalw/.

[78] R. Chenna, H. Sugawara, T. Koike, R. Lopez, T. J. Gibson, D. G. Higgins, J. D. Thompson, *Nucl. Acids Res.* **2003**, *31*, 3497.

[79] http://biowulf.bu.edu/FAST/.

[80] http://i.moltalk.org/.

[81] http://fungen.wur.nl/sfamlist.php.

[82] H. J. Joosten, Wageningen University (Wageningen), **2007**.

[83] A. C. Joerger, S. Mayer, A. R. Fersht, *Proc. Nat. Acad. Sci. U.S.A.* **2003**, *100*, 5694.

[84] P. J. O'Brien, D. Herschlag, *Chem. Biol.* **1999**, *6*, R91.

[85] R. Stürmer, M. Breuer, *Chemie in unserer Zeit* **2006**, *40*, 104.

[86] U. T. Bornscheuer, R. J. Kazlauskas, *Angew. Chem. Int. Ed.* **2004**, *43*, 6032.

[87] A. C. Babtie, S. Bandyopadhyay, L. F. Olgui, F. Hollfelder, *Angew. Chem. Int. Ed.* **2009**, *48*, 3692.

[88] S. Jonas, F. Hollfelder, in *The Protein Engineering Handbook, Vol. 1* (Eds.: S. Lutz, U. T. Bornscheuer), Wiley VCH, Chichester, **2008**, pp. 47.

[89] C. Branneby, P. Carlqvist, A. Magnusson, K. Hult, T. Brinck, P. Berglund, *J. Am. Chem. Soc.* **2003**, *125*, 874.

[90] P. Carlqvist, M. Svedendahl, C. Branneby, K. Hult, T. Brinck, P. Berglund, *ChemBioChem* **2005**, *6*, 331.

[91] M. Svedendahl, K. Hult, P. Berglund, *J. Am. Chem. Soc.* **2005**, *127*, 17988.

[92] Y. Ichikawa, Y.-C. Lin, D. P. Dumas, G.-J. Shen, E. Garcia-Junceda, M. A. Williams, R. Bayer, C. Ketcham, L. E. Walker, J. C. Paulson, C. H. Wong, *J. Am. Chem. Soc.* **1992**, *114*, 9283.

[93] L. F. Mackenzie, Q. Wang, R. A. J. Warren, S. G. Withers, *J. Am. Chem. Soc.* **1998**, *120*, 5583.

[94] M. Jahn, J. Marles, R. A. Warren, S. G. Withers, *Angew. Chem. Int. Ed.* **2003**, *42*, 352.

[95] C. Mayer, D. L. Zechel, S. P. Reid, A. J. Warren, S. G. Withers, *FEBS Lett.* **2000**, *466*, 40.

[96] G.-Y. Yow, A. Watanabe, T. Yoshimura, N. Esaki, *J. Mol. Catal. B: Enzym.* **2003**, *23*, 311.
[97] F. P. Seebeck, D. Hilvert, *J. Am. Chem. Soc.* **2003**, *125*, 10158.
[98] R. Fujii, Y. Nakagawa, J. Hiratake, A. Sogabe, K. Sakata, *Prot. Eng., Des. Sel.* **2005**, *18*, 93.
[99] H. Xiang, L. Luo, K. L. Taylor, D. Dunaway-Mariano, *Biochemistry* **1999**, *38*, 7638.
[100] H.-S. Park, S.-H. Nam, J. K. Lee, C. N. Yoon, B. Mannervik, S. J. Benkovic, H.-K. Kim, *Science* **2006**, *311*.
[101] A. Pordea, M. Creus, J. Panek, C. Duboc, D. Mathis, M. Novic, T. R. Ward, *J. Am. Chem. Soc.* **2008**, *130*, 8085.
[102] M. Creus, A. Pordea, T. Rossel, A. Sardo, C. Letondor, A. Ivanova, I. LeTrong, R. E. Stenkamp, T. R. Ward, *Angew. Chem. Int. Ed.* **2008**, *47*, 1400.
[103] K. W. Hahn, W. A. Klis, J. M. Stewart, *Science* **1990**, *248*, 1544.
[104] A. S. Bommarius, J. M. Broering, J. F. Chaparro-Riggers, K. M. Polizzi, *Curr. Opin. Biotechnol.* **2006**, *17*, 606.
[105] A. V. Filikov, R. J. Hayes, P. Z. Luo, D. M. Stark, C. Chan, A. Kundu, B. I. Dahiyat, *Protein Sci.* **2002**, *11*, 1452.
[106] S. M. Malakauskas, S. L. Mayo, *Nat. Struct. Biol.* **1998**, *5*, 470.
[107] S. S. Strickler, A. V. Gribenko, T. R. Keiffer, J. Tomlinson, T. Reihle, V. V. Loladze, G. I. Makhatadze, *Biochemistry* **2006**, *45*, 2761.
[108] T. W. Johannes, R. D. Woodyer, H. M. Zhao, *Appl. Environ. Microbiol.* **2005**, *71*, 5728.
[109] V. G. H. Eijsink, S. Gaseidnes, T. V. Borchert, B. van den Burg, *Biomol. Eng.* **2005**, *22*, 21.
[110] W. C. Suen, N. Y. Zhang, L. Xiao, V. Madison, A. Zaks, *Prot. Eng., Des. Sel.* **2004**, *17*, 133.
[111] M. Tamakoshi, Y. Nakano, S. Kakizawa, A. Yamagishi, T. Oshima, *Extremophiles* **2001**, *5*, 17.
[112] J. Hecky, K. M. Mueller, *Biochemistry* **2005**, *44*, 12640.
[113] S. L. Strausberg, P. A. Alexander, D. T. Gallagher, G. L. Gilliland, B. L. Barnett, P. N. Bryan, *Nat. Biotechnol.* **1995**, *13*, 669.
[114] S. L. Strausberg, B. Ruan, K. E. Fisher, P. A. Alexander, P. N. Bryan, *Biochemistry* **2005**, *44*, 3272.
[115] http://www.mpi-muelheim.mpg.de/kofo/institut/arbeitsbereiche/reetz/reetz_e.html.
[116] M. Lehman, C. Loch, A. Middendorf, D. Studer, S. F. Lassen, L. Paramontes, A. van Loon, M. Wyss, *Prot. Eng., Des. Sel.* **2002**, *15*, 403.

[117] N. Amin, A. D. Liu, S. Ramer, W. Aehle, D. Meijer, M. Metin, S. Wong, P. Gualfetti, V. Schellenberger, *Prot. Eng., Des. Sel.* **2004**, *17*, 787.
[118] K. M. Polizzi, J. F. Chaparro-Riggers, E. Vazquez-Figueroa, A. S. Bommarius, *Biotechology Journal* **2006**, *1*, 531.
[119] Z. Qian, C. J. Fields, S. Lutz, *ChemBioChem* **2007**, *8*, 1989.
[120] D. M. Blow, J. Birktoft, B. Hartley, *Nature* **1969**, *221*, 337.
[121] C. S. Wright, R. A. Alden, J. Kraut, *Nature* **1969**, *221*, 235.
[122] D. L. Ollis, E. Cheah, M. Cygler, B. Dijkstra, F. Frolow, S. M. Franken, M. Harel, S. J. Remington, I. Silman, J. Schrag, J. L. Sussman, K. H. G. Verscheuren, A. Goldman, *Prot. Eng., Des. Sel.* **1992**, *5*, 872.
[123] M. Holmquist, *Curr. Protein Pept. Sci.* **2000**, *1*, 209.
[124] E. Blée, F. Schuber, *Eur. J. Biochem.* **1995**, *230*, 229.
[125] X.-J. Chen, A. Archelas, R. Furstoss, *J. Org. Chem.* **1993**, *58*, 5528.
[126] M. Knehr, H. Thomas, M. Arand, T. Gebel, H.-D. Zeller, F. Oesch, *J. Biol. Chem.* **1993**, *268*, 17623.
[127] M. Mischitz, W. Kroutil, U. Wandel, K. Faber, *Tetrahedron: Asymmetry* **1995**, *6*, 1261.
[128] M. Arand, B. M. Hallberg, J. Zou, T. Bergfors, F. Oesch, M. van der Werf, J. A. M. de Bont, T. A. Jones, S. L. Mowbray, *EMBO J.* **2003**, *22*, 2583.
[129] K. Faber, M. Mischitz, W. Kroutil, *Acta Chem. Scand.* **1996**, *50*, 249.
[130] J. D. Bloom, M. D. Dutia, B. D. Johnson, A. Wissner, M. G. Burns, E. E. Largis, J. A. Dolan, T. H. Claus, *J. Med. Chem.* **1992**, *35*, 3081.
[131] R. Hett, Q. K. Fang, Y. Gao, Y. Hong, H. T. Butler, X. Nie, S. A. Wald, *Tetrahedron Lett.* **1997**, *38*, 1125.
[132] F. R. Pfeiffer, J. W. Wilson, J. Weinstock, G. Y. Kuo, P. A. Chambers, K. Holden, G. Hahn, R. A. Wardell Jr., A. J. Tobia, *J. Med. Chem.* **1982**, *25*, 352.
[133] M. M. Kabat, A. R. Daniewski, W. Burger, *Tetrahedron Asymmetry* **1997**, *8*, 2663.
[134] S. E. Schaus, E. C. Jacobsen, *Tetrahedron Lett.* **1996**, *37*, 7937.
[135] S. Takano, T. Kamikubo, T. Sugihara, M. Suzuki, K. Ogasawara, *Tetrahedron Asymmetry* **1993**, *4*, 201.
[136] M. A. Argiriadi, C. Morisseau, M. H. Goodrow, D. L. Dowdy, B. D. Hammock, D. W. Christianson, *J. Biol. Chem.* **2000**, *275*, 15265.
[137] R. Rink, J. Kingma, L. H. Spelberg, B. D. Janssen, *Biochemistry* **2000**, *39*, 5600.
[138] R. Rink, L. H. Spelberg, R. J. Pieters, J. Kingma, M. Nardini, R. M. Kellogg, B. W. Dijkstra, D. B. Janssen, *J. Am. Chem. Soc.* **1999**, *121*, 7417.
[139] S. Pedragosa-Moreau, A. Archelas, R. Furstoss, *J. Org. Chem.* **1993**, *58*, 5533.
[140] U. T. Bornscheuer, R. J. Kazlauskas, *Hydrolases in Organic Synthesis - Regio- and stereoselective Biotransformations*, 2nd ed. ed., Wiley-VCH, Weinheim, **2005**.

[141] F. Balkenhohl, K. Ditrich, B. Hauer, W. Ladner, *J. Prakt. Chem.* **1997**, *339*, 831.
[142] M. Breuer, K. Ditrich, T. Habicher, B. Hauer, M. Keßeler, R. Stürmer, T. Zelinski, *Angew. Chem. Int. Ed.* **2004**, *43*, 788.
[143] A. Liese, K. Seelbach, C. Wandrey, *Industrial Biotransformations*, Wiley-VCH, Weinheim, **2000**.
[144] K. D. Choi, G. H. Jeohn, J. S. Rhee, O. J. Yoo, *Agric. Biol. Chem.* **1990**, *54*, 2039.
[145] I. Pelletier, J. Altenbuchner, *Microbiology* **1995**, *141*, 459.
[146] J. D. Cheeseman, A. Tocilj, S. Park, J. D. Schrag, R. J. Kazlauskas, *Acta Crystallogr. D* **2004**, *D60*, 1237.
[147] N. Krebsfänger, K. Schierholz, U. T. Bornscheuer, *J. Biotechnol.* **1998**, *60*, 105.
[148] N. Krebsfänger, F. Zocher, J. Altenbuchner, U. T. Bornscheuer, *Enzyme Microb. Technol.* **1998**, *22*, 641.
[149] P. Bernhardt, K. Hult, R. J. Kazlauskas, *Angew. Chem. Int. Ed.* **2005**, *44*, 2742.
[150] S. Park, K. Morley, G. P. Horsman, M. Holmquist, K. Hult, R. J. Kazlauskas, *Chem. Biol.* **2005**, *12*, 45.
[151] G. P. Horsman, A. M. F. Liu, E. Henke, U. T. Bornscheuer, R. J. Kazlauskas, *Chem. - Eur. J.* **2003**, *9*, 1933.
[152] K. L. Morley, R. J. Kazlauskas, *Trends Biotechnol.* **2005**, *23*, 231.
[153] U. T. Bornscheuer, J. Altenbuchner, H. H. Meyer, *Biotechnol. Bioeng.* **1998**, *58*, 641.
[154] H. Ko, E. Kim, J. E. Park, D. Kim, S. Kim, *J. Org. Chem.* **2004**, *69*, 112.
[155] K. Stiba, Ernst-Moritz-Arndt Universität (Greifswald), **2008**.
[156] M. Cygler, J. D. Schrag, J. L. Sussman, M. Harel, I. Silman, G. M. K., B. P. Doctor, *Prot. Sci., Des. Sel.* **1993**, *2*.
[157] P. Carter, J. A. Wells, *Nature* **1988**, *322*.
[158] D. S. Tawfik, *Science* **2006**, *311*, 475.
[159] C. S. Chen, Y. Fujimoto, G. Girdaukas, C. J. Sih, *J. Am. Chem. Soc.* **1982**, *104*, 7294.
[160] R. M. Horton, H. D. Hunt, S. N. Ho, J. K. Pullen, L. R. Pease, *Gene* **1989**, *77*, 61.
[161] S. Park, K. L. Morley, G. P. Horsman, M. Holmquist, K. Hult, R. J. Kazlauskas, *Chem. Biol.* **2005**, *12*, 45.
[162] H. Xiang, L. Luo, K. L. Taylor, D. Dunaway-Mariano, *Biochemistry* **1999**, *38*.
[163] J. P. Hendrick, F.-U. Hartl, *Annu. Rev. Biochem.* **1993**, *62*, 349.
[164] T. Palmer, *Enzymes: Biochemistry, Biotechnology, Clinical Chemistry*, Horwood Publishing, Chichester, **2001**.
[165] H. Jochens, K. Stiba, C. Savile, J. G. Yu, T. Gerassenkov, R. J. Kazlauskas, U. T. Bornscheuer, *Angew. Chem. Int. Ed.* **2009**, *48*, 3532.
[166] S. K. Padhi, R. J. Kazlauskas, **2009**, *Personal Communication*.

[167] M. Hesseler, *Laufenden Doktorarbeit im AK Bornscheuer* **2009**.
[168] M. Schmidt, U. T. Bornscheuer, *Biomol. Eng.* **2005**, *22*, 51.
[169] E. Henke, U. T. Bornscheuer, *Biol. Chem.* **1999**, *380*, 1029.
[170] S. E. Luria, J. N. Adams, R. C. Ting, *Virology* **1960**, *12*, 348.
[171] D. Hanahan, *J. Mol. Biol.* **1983**, *166*, 577.
[172] P. A. Sharp, B. Sudgen, J. Sambrook, *Biochemistry* **1973**, *12*.
[173] U. K. Laemmli, *Nature* **1970**, *227*, 680.
[174] M. M. Bradford, *Anal. Biochem.* **1976**, *72*, 248.
[175] R. B. Westkaemper, R. P. Hanzlik, *Arch. Biochem. Biophys.* **1981**, *208*, 195.
[176] E. Krieger, T. Darden, S. B. Nabuurs, A. Finkelstein, G. Vriend, *Proteins: Struct., Funct., Bioinf.* **2004**, *57*, 678.
[177] J. M. Wang, P. Cieplak, P. A. Kollman, *J. Comput. Chem.* **2000**, *21*, 1049.
[178] D. M. York, T. A. Darden, L. G. Pedersen, *J. Chem. Phys.* **1993**, *99*, 8345.
[179] J. M. Wang, R. M. Wolf, J. W. Caldwell, P. A. Kollman, D. A. Case, *J. Comput. Chem.* **2005**, *25*, 1157.
[180] V. Cerny, *J. Opt. Theory App.* **1985**, *45*, 41.
[181] S. Kirkpatrick, C. D. Gelatt, M. P. Vecchi, *Science* **1983**, *220*, 671.

Die VDM Verlagsservicegesellschaft sucht für wissenschaftliche Verlage abgeschlossene und herausragende

Dissertationen, Habilitationen, Diplomarbeiten, Master Theses, Magisterarbeiten usw.

für die kostenlose Publikation als Fachbuch.

Sie verfügen über eine Arbeit, die hohen inhaltlichen und formalen Ansprüchen genügt, und haben Interesse an einer honorarvergüteten Publikation?

Dann senden Sie bitte erste Informationen über sich und Ihre Arbeit per Email an *info@vdm-vsg.de*.

Sie erhalten kurzfristig unser Feedback!

VDM Verlagsservicegesellschaft mbH
Dudweiler Landstr. 99
D - 66123 Saarbrücken

Telefon +49 681 3720 174
Fax   +49 681 3720 1749

www.vdm-vsg.de

Die VDM Verlagsservicegesellschaft mbH vertritt

Printed by Books on Demand GmbH, Norderstedt / Germany